高等职业教育（本科）计算机类专业系列教材

HarmonyOS
应用开发实战

张　青　王　彪　编著

机械工业出版社

本书基于华为自研的鸿蒙操作系统，讲解具有物联网特性的“智慧工厂”App项目所涉及的应用开发技术和流程。本书共11个任务，主要内容包括“智慧工厂”App项目需求分析、在华为云上部署物联网平台、将设备接入物联网云平台、创建“智慧工厂”App项目、开发“智慧工厂”App的引导页、获取物联网云平台的安全访问令牌、实现环境监测数据可视化、实现物品监测可视化、设计控制设备的规则链、实现自动告警数据可视化和对接物联网全栈智能应用实训系统设备。掌握了这些开发技能，将有助于开发者基于国产操作系统进行更多的物联网应用技术创新。

本书可以作为高等职业院校计算机及相关专业的教材，也可以作为鸿蒙操作系统应用程序开发人员的技术参考书。

本书配有PPT电子课件、课后习题及答案、源代码等教学资源，教师可登录机械工业出版社教育服务网（www.cmpedu.com）注册后免费下载，或联系编辑（010-88379194）咨询。本书还配有视频，读者可直接扫码观看。

图书在版编目（CIP）数据

HarmonyOS应用开发实战 / 张青，王彪编著 . 北京 ：机械工业出版社，2025. 1. --（高等职业教育（本科）计算机类专业系列教材）. -- ISBN 978-7-111-77407-5

Ⅰ. TN929.53

中国国家版本馆CIP数据核字第2025AE7065号

机械工业出版社（北京市百万庄大街22号　邮政编码100037）

策划编辑：李绍坤　　　　责任编辑：李绍坤　张翠翠

责任校对：王　延　薄萌钰　　封面设计：马精明

责任印制：李　昂

北京捷迅佳彩印刷有限公司印刷

2025年3月第1版第1次印刷

184mm×260mm・10.25印张・239千字

标准书号：ISBN 978-7-111-77407-5

定价：49.00元

电话服务　　　　　　　　　网络服务

客服电话：010-88361066　　机　工　官　网：www.cmpbook.com

010-88379833　　机　工　官　博：weibo.com/cmp1952

010-68326294　　金　书　网：www.golden-book.com

封底无防伪标均为盗版　　机工教育服务网：www.cmpedu.com

前言

数字经济蓬勃发展、世界信息化技术竞争日趋激烈，也对我国信息技术人才的培养提出了新的要求，而编程能力是理解和运用新一代信息技术的重要基础。

鸿蒙操作系统（HarmonyOS）是华为自主研发的一款分布式操作系统。作为信创产业的重要组成部分，鸿蒙操作系统面向全场景、全连接、全智能时代，让更多终端设备互相连接，打破单一物理设备硬件能力的局限，实现不同硬件间的能力互补和性能增强，促进万物互联产业的繁荣发展，是推动数字经济蓬勃发展的重要基础设施。

本书编者具有丰富的项目开发经验，以“工作任务为导向”“从项目中来到项目中去”为主旨，综合使用 HarmonyOS 应用开发技术，先后介绍了“智慧工厂” App 项目的需求分析、物联网云平台的部署和使用、App 与物联网云平台的安全对接、App 与物联网云平台的数据交互、物联网云平台的规则链控制、自动告警功能的实现等综合开发知识。按照 App 的开发与工作流程安排全书的任务内容，引导学生从理解到掌握，再到实践应用，有效培养学生的实践应用能力。本书内容与新工科的理念相吻合，学生能够根据实际功能需求进行编程开发，从而养成良好的编程规范，以及清晰的逻辑思维与编程思想和综合应用开发能力。本书具有以下特色。

1）精选任务案例，通过不同任务的设计与实现将素质能力有机融入教材，在培养学生 HarmonyOS 应用开发能力的同时，引导学生树立正确的价值观，并提高学生的创新能力。

2）案例来源于真实项目需求。如部署物联网云平台、设备接入物联网云平台、App 与物联网云平台进行数据交互等，与具有物联网特性的 App 的实际项目开发流程相符合，并使用 HarmonyOS 应用开发技术实现相应功能，符合真实项目开发需求。

3）每个任务实现一个功能。每个任务均有详细的任务实施步骤，涵盖了 HarmonyOS 应用开发技术和流程，做到了叙述上的前后呼应和技术上的逐步加深。

4）本书基于 DevEco Studio 3.1 Beta1（Build Version：3.1.0.200）开发环境、HarmonyOS SDK API 9、Stage 应用开发模型进行应用开发，引导学生关注鸿蒙应用开发的新技术，培养学生高效编程的思维，以贴合企业工作需求。

本书共 11 个任务，建议学时为 32 学时。阅读本书的读者应具备 TypeScript 开发基础，熟悉 ArkTS 声明式开发范式等知识。

本书由张青和王彪编著，其中，任务1～7由张青编写，任务8～11由王彪编写，全书由张青统稿。

在编写本书的过程中，编者已竭尽全力，但由于水平和经验有限，不足和疏漏之处在所难免，恳请各位专家和读者批评指正，并提出宝贵意见和建议。

编　者

二维码索引

（续）

序号	名称	图形	页码	序号	名称	图形	页码
15	emitter 的使用		112	18	关系型数据库的使用-DAO 搭建		115
16	关系型数据库相关名词解释		115	19	关系型数据库的使用-UI页面创建		115
17	关系型数据库的使用-模型层搭建		115	20	关系型数据库的使用		115

目 录

“智慧工厂”App项目概述

智慧工厂是指利用物联网、云计算、大数据、人工智能等先进技术，将传统工厂数字化、网络化、智能化，实现生产、管理、服务等全方位的智能化升级，实现生产过程的可视化、控制和优化，全面提升企业的智能化水平，提高企业的核心竞争力。

“智慧工厂”App可实现将智慧工厂中的物联网设备接入私有部署的开源物联网平台ThingsBoard中，实现设备运行状态线上可视化，并依靠ThingsBoard进行数据分析和处理，在App端实时监测工厂车间的环境、人员和物品，实现设备联网、数据处理和安全保障等功能，为操作人员管理、分析、优化提供决策支持，从而推动智慧工厂的发展。智慧工厂的数据流向如图0-1所示。

图0-1　智慧工厂的数据流向图

本书将从项目的需求分析、技术实现方案、项目功能描述讲起，基于HarmonyOS应用开发的知识，完整呈现一个以物联网应用为主题的“智慧工厂”App的开发过程。

在“智慧工厂”App的开发过程中，需要使用ArkTS语法进行页面的设计开发，使用网络连接技术与物联网云平台进行数据交互，使用关系型数据库技术进行智能告警数据的存取，使用进程内事件的订阅与发布技术在网络业务逻辑与UI间交互数据。基于这些功能开发，读者将融会贯通HarmonyOS应用开发技术和物联网云平台的应用开发技术，实现一个真实的物联网应用App的开发。

“智慧工厂”App项目需求分析

任务描述

本任务将从背景、技术实现方案、设备分析、功能分析几个方面对“智慧工厂”App项目进行需求分析，让读者对项目有一个整体的认识，从而能在完成应用开发的过程中更好地理解项目功能。

学习目标

知识目标

- 了解“智慧工厂”App项目背景；
- 了解“智慧工厂”App技术实现方案；
- 了解“智慧工厂”App使用的相关设备；
- 了解“智慧工厂”App需实现的功能；
- 了解“智慧工厂”App的工程目录结构。

能力目标

- 能描述“智慧工厂”App的项目背景；
- 能确定“智慧工厂”App的项目技术实现方案；
- 能明确“智慧工厂”App要实现的功能。

素质目标

- 培养谦虚、好学、勤于思考、认真做事的良好习惯；
- 执行严谨的开发流程，具备正确的编程思路；
- 具备良好的整理文档习惯，能够将代码的逻辑、功能、测试结果等记录下来，以便于后续的维护和升级。

任务实施

1. 背景分析

在智慧工厂中，大量设备需要联网并进行数据交互，工厂中的机器人、传感器、监控设备等都可以通过一定的方式进行联网并上传至边缘网关或云平台，实现数据的共享和处理，实现生产线自动化控制，提高生产效率。

智慧工厂需要实现数据的实时监测和分析，以便进行精准决策。智慧工厂的建设还需要保证设备和数据的安全性。

在使用ArkTS声明式开发范式进行高效的HarmonyOS应用的UI设计与开发的同时，以“智慧工厂”App项目融会贯通HarmonyOS应用开发的内容，使用ThingsBoard物联网云平台实现设备完整的通信链路，从设备接入（将智慧工厂中的传感设备接入私有部署的开源物联网平台ThingsBoard）、传感数据上报、设备管理、数据可视化展示、规则链设计、“智慧工厂”App调用ThingsBoard提供的接口、获取传感器设备的数据，到在“智慧工厂”App上依据设定的规则全面接管工厂的环境监测、恒温控制、布防与撤防状态下的人员和物品监测、自动告警等，实现设备联网、数据处理和安全保障等功能，“智慧工厂”App将呈现物联网移动应用开发的关键技术点，从0到1展示了一个物联网应用的完整开发过程。“智慧工厂”App中使用到的设备接线示意图如图1-1所示。

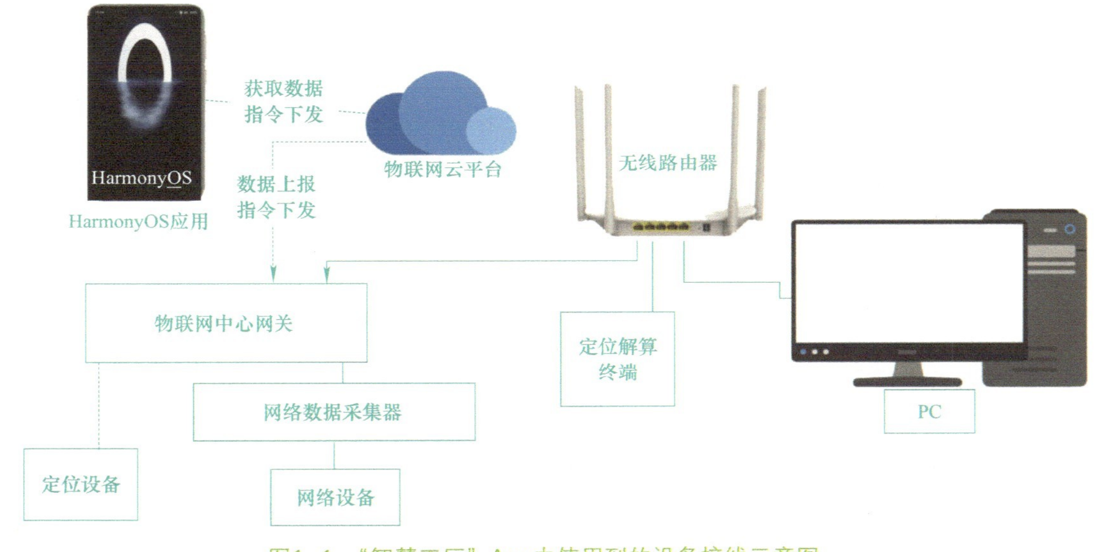

图1-1 “智慧工厂”App中使用到的设备接线示意图

在“智慧工厂”App的实现过程中，智慧工厂的设备先使用MQTTBox软件进行模拟，打通数据链路后，再接入物联网全栈智能应用实训系统的部分真实设备，完成真实的“智慧工厂”App的开发。

2. 技术实现方案分析

智慧工厂中的传感器设备，将通过一定的联网方式和协议格式把数据发送到ThingsBoard物联网云平台，由于HarmonyOS应用的远程模拟器跟物联网云平台的数据交互需要一个公网的IP地址，因此将ThingsBoard部署在华为云上。

“智慧工厂”App项目的技术框图如图1-2所示。

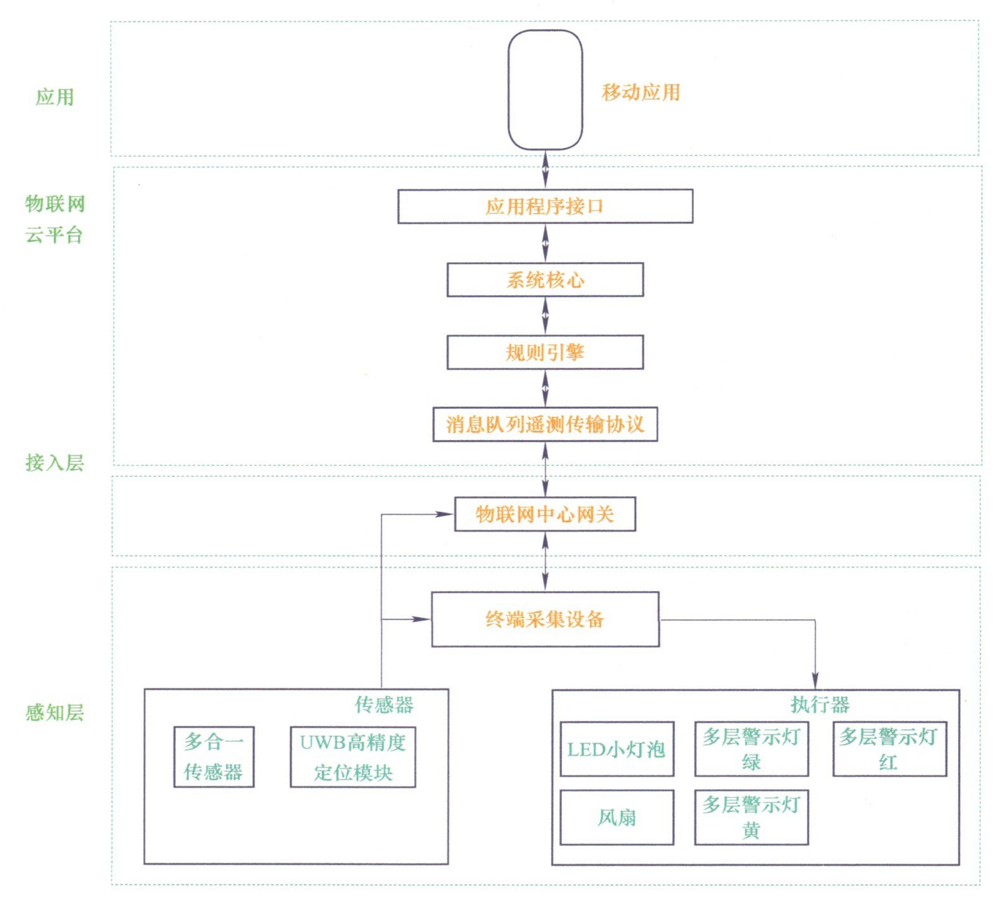

图1-2 "智慧工厂"App项目的技术框图

在华为云上部署好了ThingsBoard物联网云平台后，由于ThingsBoard物联网云平台提供了各种协议的设备接入，智慧工厂中的各种传感器设备，通过终端采集设备将传感器设备和执行器设备接至物联网中心网关，再由中心网关通过MQTT（消息队列遥测传输）协议将数据上报至物联网云平台；物联网云平台对上报的数据进行分析，并提供应用程序接口供外部系统访问；HarmonyOS移动应用通过HTTP（超文本传输协议）与ThingsBoard物联网云平台进行数据交互，从ThingsBoard物联网云平台中获取传感数据并进行展示，再依据设定的规则进行设备的联动控制。

扫码观看视频

3. 设备分析

在"智慧工厂"App项目中，要实现工厂车间环境的监测，使用到的设备是多合一传感器；实现物品监测，使用到的设备是UWB（Ultra Wide Band，超宽带）定位模块；要实现恒温控制和告警指示，使用到的设备是小灯泡、风扇和多层警示灯（分别是绿色告警灯、黄色告警灯、红色告警灯）。按照技术实现方案，设备清单见表1-1。

表1-1 “智慧工厂”App设备清单

序号	设备图片	设备名称	数量	说明
1		物联网中心网关	1	接收UWB传感器、多合一传感器及各类执行器传来的遥测信息
2		多合一传感器	1	温度、湿度、大气压力、CO_2、PM2.5、人体红外
3		IoT网络数据采集器	1	连接风扇、LED灯泡及多层告警灯的继电器设备
4		风扇	1	风扇
5		LED小灯泡	1	LED小灯泡
6		多层警示灯	1	多层警示灯
7		继电器	5	连接风扇×1 连接LED小灯泡×1 连接多层警示灯×3
8		UWB定位解算终端	1	定位解算终端

（续）

序号	设备图片	设备名称	数量	说明
9		UWB TAG	1	定位具体坐标位置系
10		UWB高精度定位模块	4	定位4个方位的坐标系

设备的具体连接线路图请遵循本书配套资源——《物联网全栈智能应用实训系统安装部署手册》中的对应设备接线，设备接线图请查阅配套资源。

在实施过程中，先不使用真实设备，而使用MQTTBox模拟传感器和执行器设备，将传感数据通过MQTT协议发布遥测数据的主题至ThingsBoard，并订阅设备控制的主题，从而模拟实现车间的传感数据上传和设备控制；当数据链路打通后，再使用表中的真实设备，感受真实的物联网数据的传输和控制过程。

4. 功能分析

在“智慧工厂”App项目中，首先需要在华为ECS云上部署私有的ThingsBoard物联网云平台，将工厂的传感设备接入ThingsBoard中；“智慧工厂”App从ThingsBoard云平台获取访问认证后，可通过HTTP从ThingsBoard获取传感器设备的数据，进行监测数据的展示和设备控制，具体功能的需求描述如下。

1）能在华为云平台上通过Docker容器技术搭建私有的ThingsBoard物联网云平台。

2）能使用ArkTS进行页面的设计与开发。

3）能完成App与物联网云平台的安全认证。

4）能在页面上绑定设备。

5）能实现车间环境监测数据可视化。使用多合一传感器采集车间的温度、湿度、CO_2、大气压力、人体红外传感数据，并上报到云平台上。App从云平台获取数据，进行数据可视化，效果如图1-3所示。

6）能实现物品安全监测数据可视化。使用UWB室内定位模块实时监测物品是否处于安全范围，并进行位置监测数据可视化，当物品偏离安全区域时进行告警，效果如图1-4所示。

图1-3　车间环境监测数据可视化

图1-4　物品安全监测数据可视化

7）能实现自动告警数据可视化，依据预设的规则实现设备的自动控制，自动控制的规则如下：

①当温度传感器采集到的温度数据>30℃时，风扇转动，进行恒温控制；

②当温度数据<26℃时，绿灯亮，表示正常状态；

③当26℃≤温度数据≤30℃时，黄灯亮，表示处于告警临界状态；

④在撤防状态，人体红外传感器监测到有人，则LED灯亮，人离开则LED灯灭；

⑤在布防状态，人体红外传感器监测到有人，则红灯亮，表示有人入侵，进行告警；

⑥当PM2.5的值≥75RM时，红灯亮，表示告警状态；

⑦当CO_2的值≥2000ppm时，红灯亮，表示告警状态；

⑧当湿度的值≥80%rh时，红灯亮，表示告警状态；

⑨当UWB物品标签移出指定的安全范围时，黄灯亮，表示告警状态。

告警数据可视化的部分效果如图1-5所示。

图1-5　告警数据可视化的部分效果

8）能实时监测设备状态（在线、离线、运转情况），有异常时能实现告警提示。

5. 工程目录结构分析

为方便后面的开发，这里先对整个工程的目录结构和文件进行说明。“智慧工厂”App项目的工程目录结构如图1-6所示。

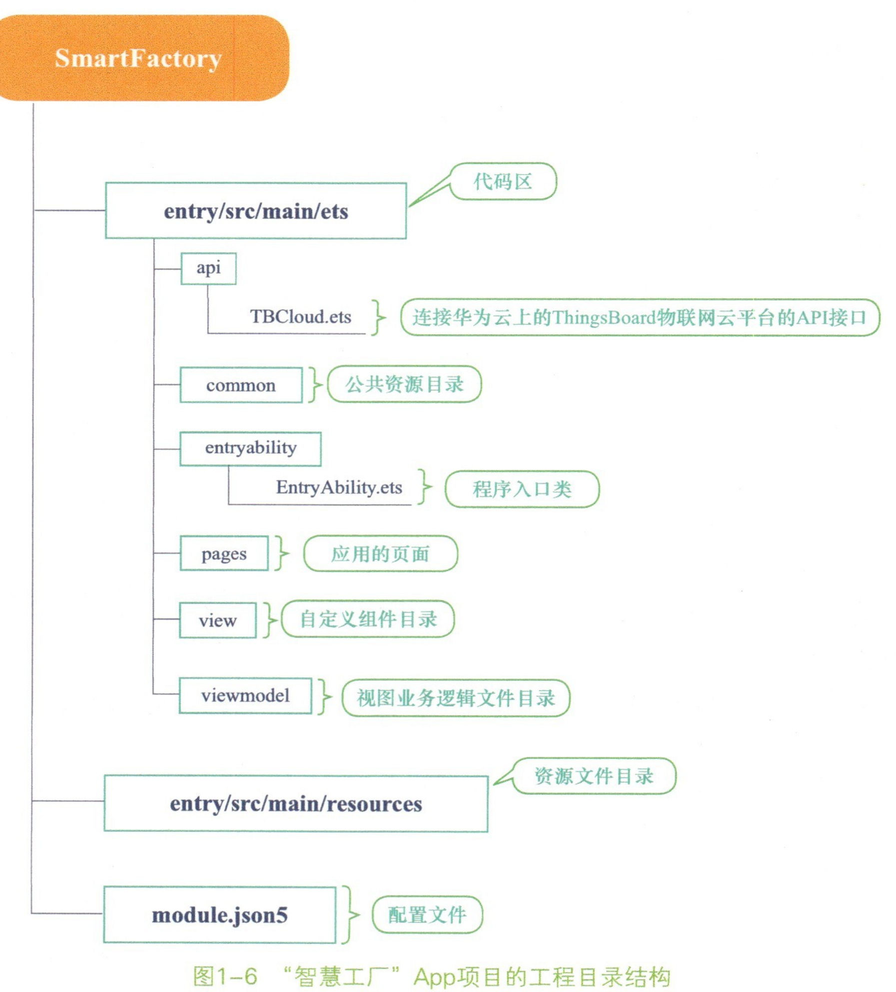

图1-6 “智慧工厂”App项目的工程目录结构

公共资源目录下的文件说明如图1-7所示。

公共资源目录下的util目录放着封装的工具类，文件说明如图1-8所示。

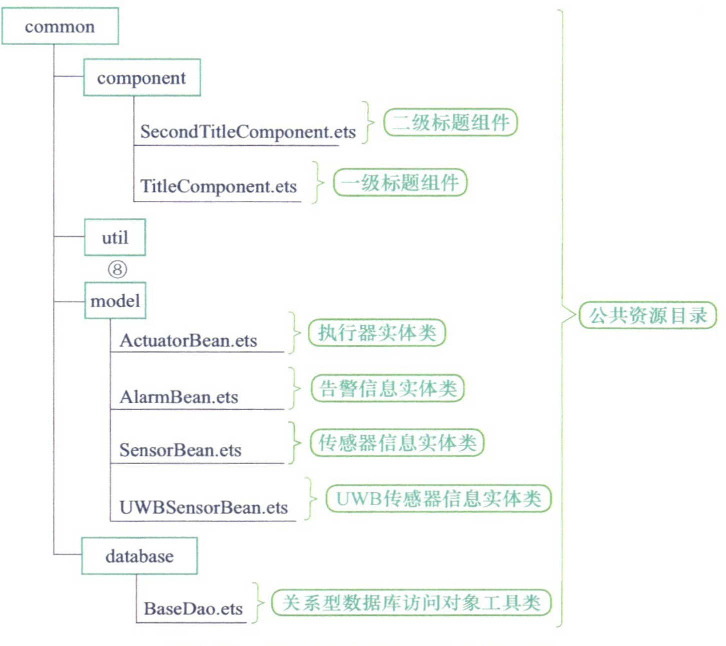

图1–7　公共资源目录下的文件说明

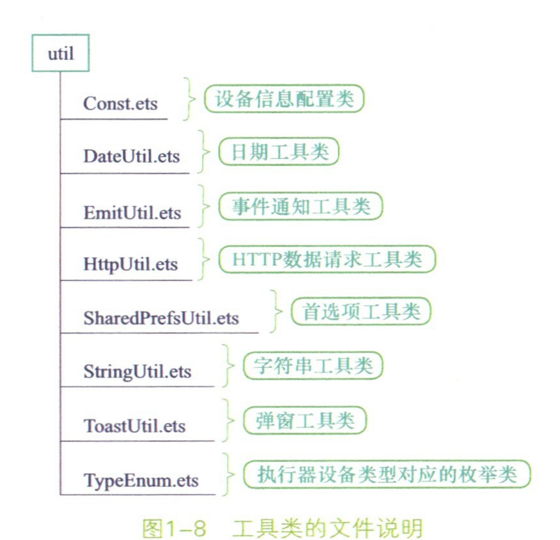

图1–8　工具类的文件说明

页面及数据展示相关的文件说明如图1–9所示。

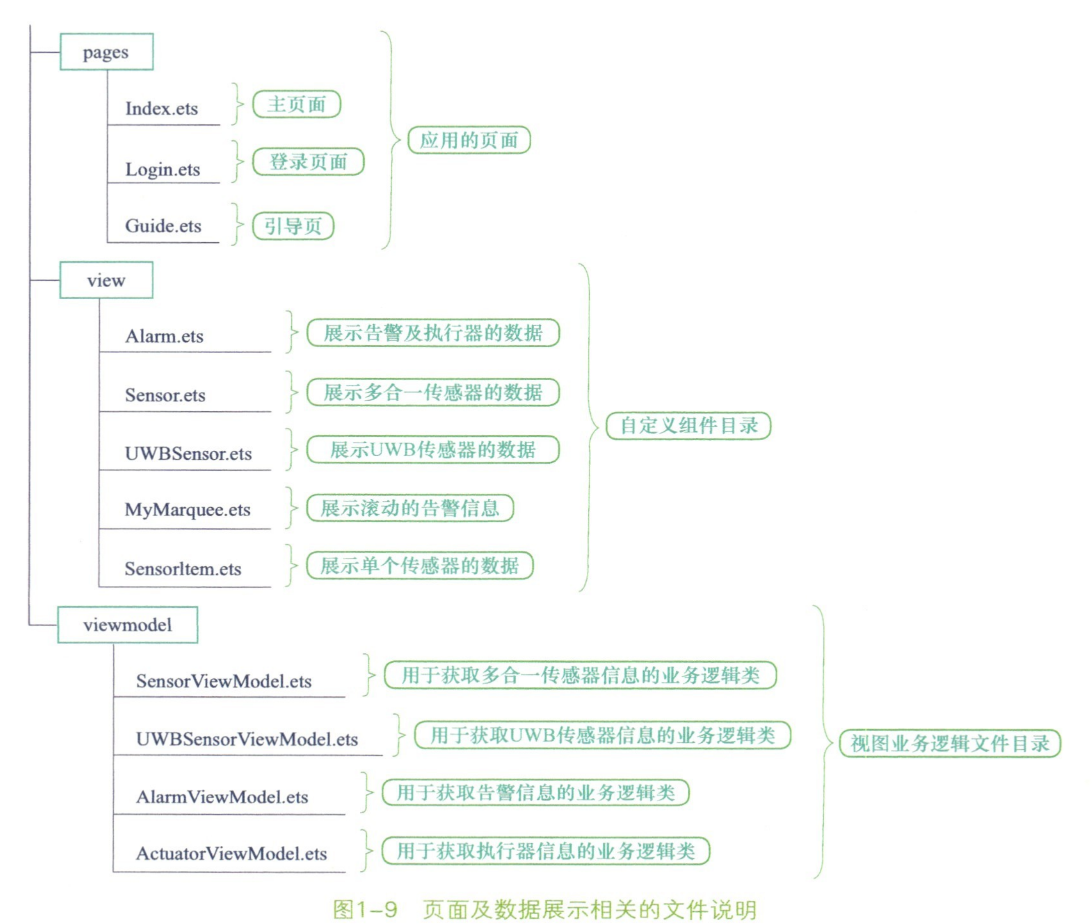

图1-9　页面及数据展示相关的文件说明

资源文件目录的文件说明如图1-10所示。

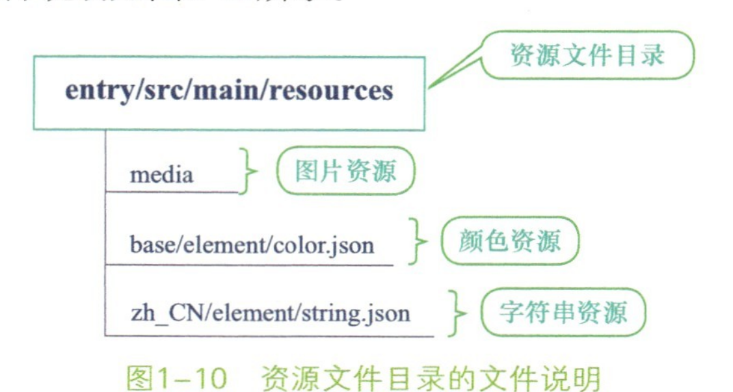

图1-10　资源文件目录的文件说明

任务小结

万事开头难，本任务在开发“智慧工厂”App前，先对项目背景、技术实现方案、设备情况进行了分析，以便读者能心中有数，明确开发的功能需求和实施的方向。接下来，将开启“智慧工厂”App的开发之旅。

在华为云上部署物联网平台

任务描述

本任务完成在华为云上部署私有的ThingsBoard物联网云平台。首先需要申请华为云ECS服务器，在该服务器上搭建CentOS 7系统，通过Docker容器化技术和Docker Compose容器化编排技术，进行ThingsBoard的部署。

学习目标

知识目标

- 了解Docker的内部实现机制；
- 了解华为云ThingsBoard云平台的作用和特点。

能力目标

- 能完成华为云ECS服务器的申请；
- 能通过Docker和Docker Compose技术部署ThingsBoard物联网云平台。

素质目标

- 需要熟练掌握计算机的操作系统、办公软件、浏览器等的基本操作，能够高效地使用计算机进行信息处理和沟通；
- 需要掌握网络的基本概念和技能，包括浏览器、电子邮件、网络协议等，能够利用网络获取和交流信息；
- 应具备学习和总结的能力，能够不断学习新的技术和知识，并将其应用于实际工作中，同时对工作中的问题和经验进行总结和归纳。

任务实施

本任务完成在华为云ECS服务器上部署ThingsBoard云平台，并在ThingsBoard上创建设备和接收遥测数据。

1. 申请华为云ECS服务器

华为云ECS服务器是一种基于云计算技术的虚拟服务器，可以在云端提供资源（如CPU、内存、存储等）和服务，帮助用户快速部署应用程序、存储数据、搭建网站等。华为云ECS服务器可以随时按需购买和释放，用户无须担心硬件更新和维护，同时还可以根据自己的需求进行灵活配置，提高资源利用率。华为云ECS服务器提供了多种规格和配置，以满足不同应用场景和需求的用户。在本任务中，需要申请华为云ECS服务器，并在华为云ECS服务器上搭建私有的物联网云平台。

申请华为云ECS服务器，可遵循以下操作步骤。

第一步，打开浏览器，在地址栏输入华为云ECS服务器申请网址。

登录官网后，在搜索框中输入“试用ECS”进行搜索，或者找到“开发者产品试用”选项，进入ECS服务器申请的链接处。

第二步，如果之前有华为的实名认证账号，则直接登录即可。如果没有账号，则按照官方引导，申请前需先注册、登录、实名认证。

第三步，登录成功后，进行华为云ECS免费服务器的申请，最低需选择2核4GB服务器。选择好相应的服务器后，单击“0元试用”即可申请。单击“0元试用”后，按操作提示进行0元购买。支付成功后，回到控制台页面即可。

第四步，在控制台页面选择弹性云服务器，可查看到ECS服务器列表。通过ECS服务器列表可查看服务器计算机名称、服务器远程访问地址和服务器局域网访问地址等，应记录公网和私网地址。

2. 在华为云ECS服务器上安装CentOS 7系统

扫码观看视频

在华为云ESC服务器上安装CentOS 7系统，请遵循以下操作步骤。

第一步，在服务器列表中找到并单击“切换操作系统”选项。

第二步，勾选“立即关机（切换操作系统前需先将云服务器关机）”复选框，镜像选择CentOS，镜像版本选择CentOS 7.7 64bit，输入登录CentOS所需的密码和确认密码，单击“确定”按钮，如图2-1所示。

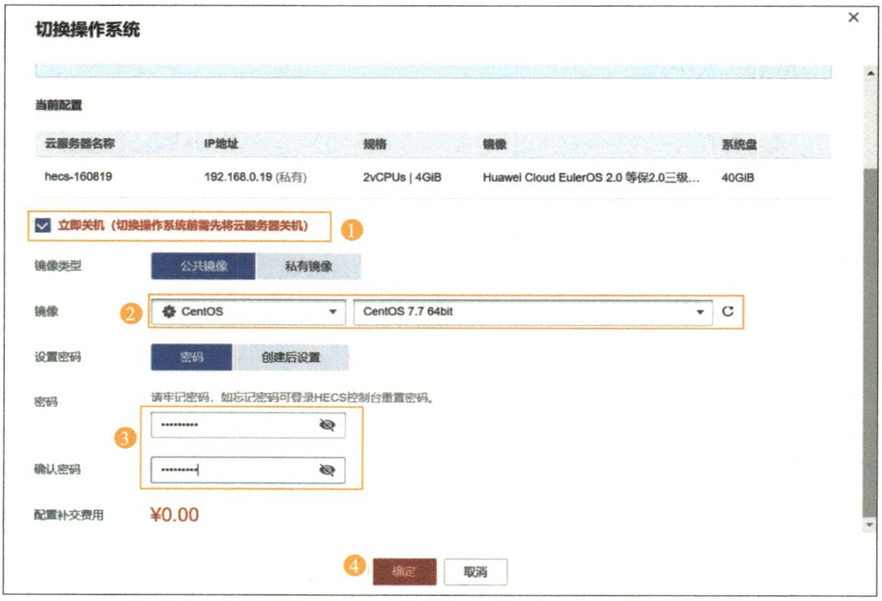

图2-1　切换操作系统设置

第三步，勾选“我已经阅读并同意《镜像免责声明》复选框”，单击“确定”按钮（说明：切换操作系统需提交验证码信息），请再次使用手机验证码进行操作确认，勾选“我已经阅读并同意《镜像免责声明》复选框”，如图2-2所示。

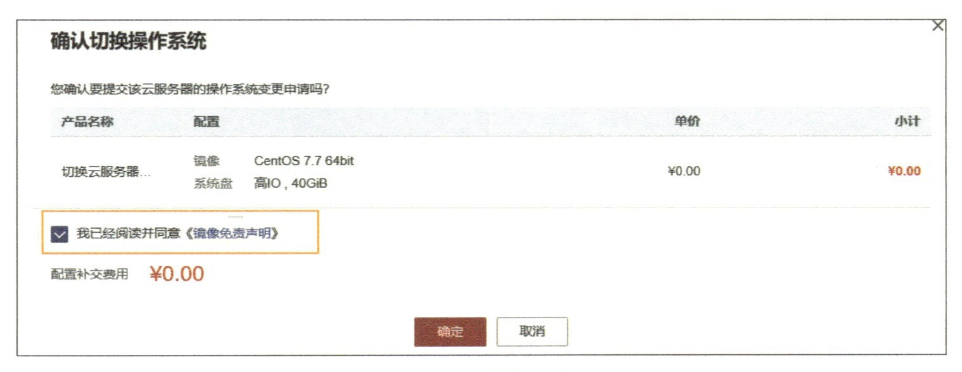

图2-2　同意免责声明

第四步，再次查看操作系统的信息，会看到镜像已更新，如图2-3所示。

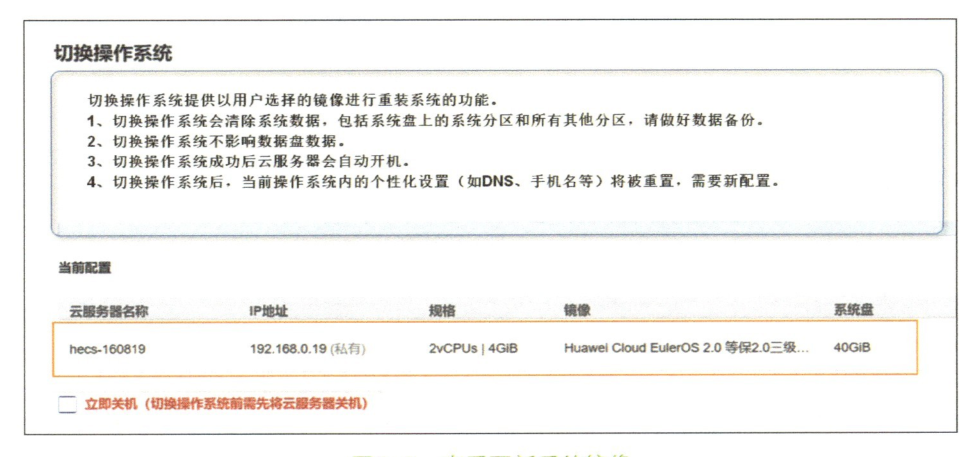

图2-3　查看更新后的镜像

3. 配置安全组

安全组用来设置服务器上要开放的端口。为方便操作，这里开放所有端口。

找到服务器列表，选择列表中的“更多”→“更改安全组”选项，如图2-4所示。

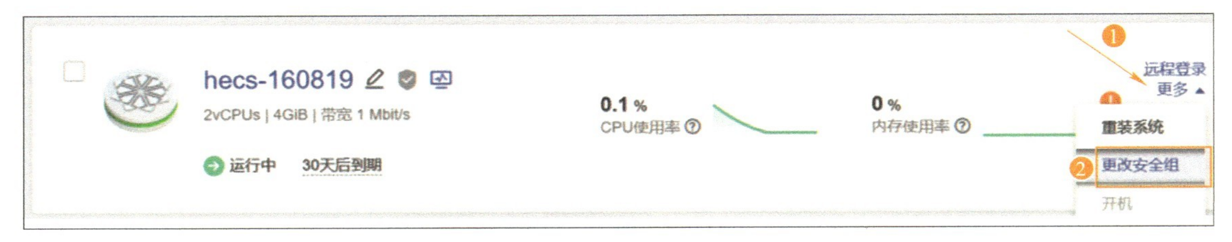

图2-4　选择“更多”→“更改安全组”选项

单击“新建安全组”按钮，打开安全组default的配置规则，如图2-5所示。

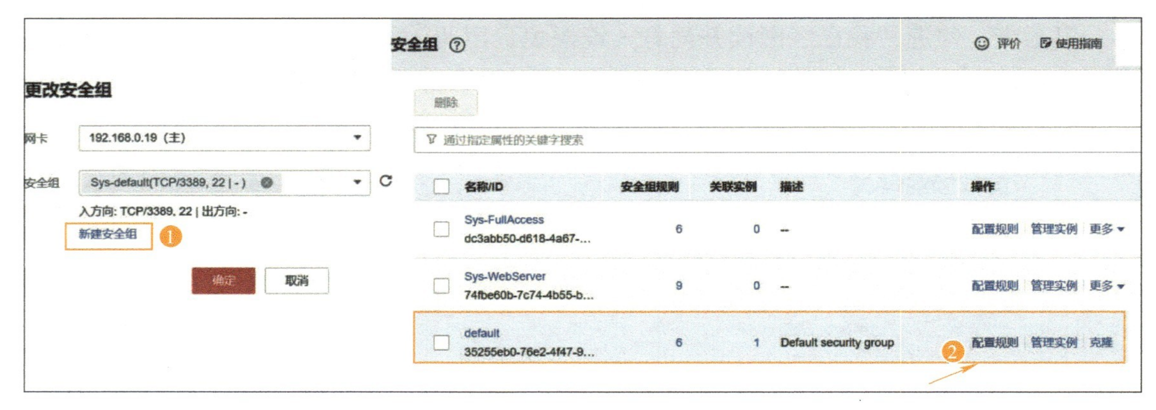

图2–5　打开安全组default的配置规则

单击列表中的第一行进行修改，为方便后续的操作，将协议端口修改为“基本协议/全部协议”，单击“确认”选项，如图2–6所示。

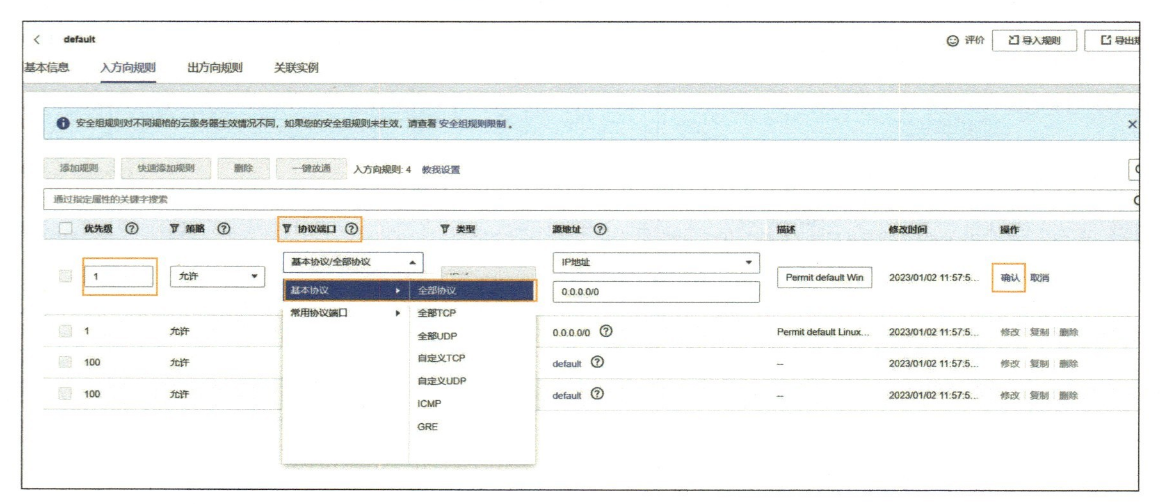

图2–6　选择全部协议

返回“更改安全组”界面，再次进入“更改安全组”对话框，单击“确定”按钮，保存修改好的配置，如图2–7所示。

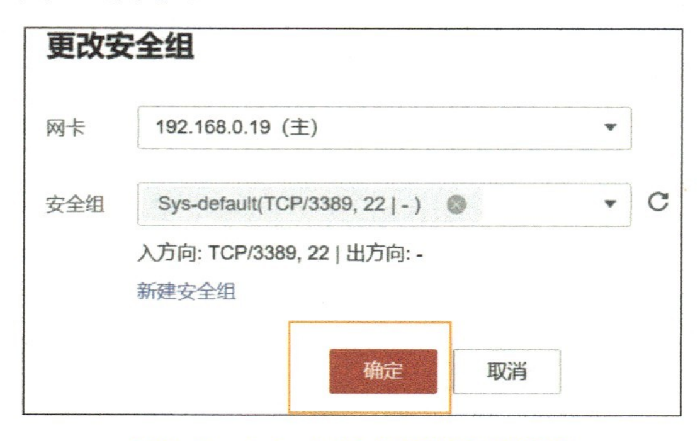

图2–7　default安全组的配置情况

4. 安装Docker

扫码观看视频

Docker的安装请遵循以下操作步骤。

第一步，在服务器列表中找到申请的ECS服务器，单击“远程登录”按钮，进入远程登录服务器的设置页面，输入密码（重装CentOS系统时设置的密码），单击“连接”按钮，如图2-8所示。

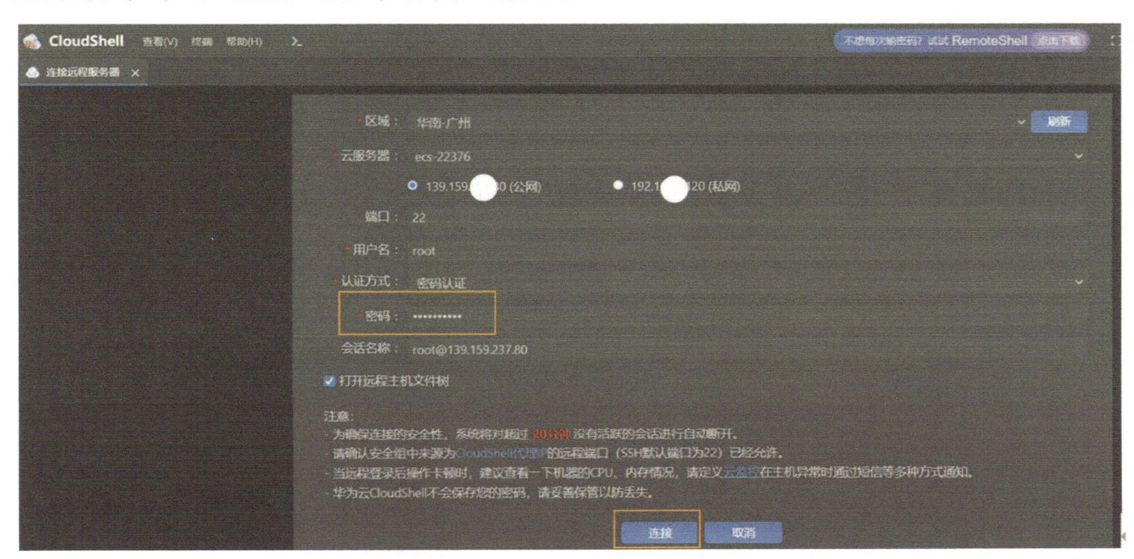

图2-8　连接远程服务器

连接成功后，会进入Shell命令编辑页面。

第二步，设置存储库。首次安装Docker之前，需要设置存储库。设置存储库后，可以从存储库安装和更新Docker。因为Docker的镜像仓库在国外，速度稍慢，所以需要的话可以配置成国内的镜像仓库。

在Shell操作界面，设置将软件下载到当前文件夹，命令如下。

```
[root@ecs-407297 ~]# yum install -y yum-utils
```

上述命令的操作过程如图2-9所示。

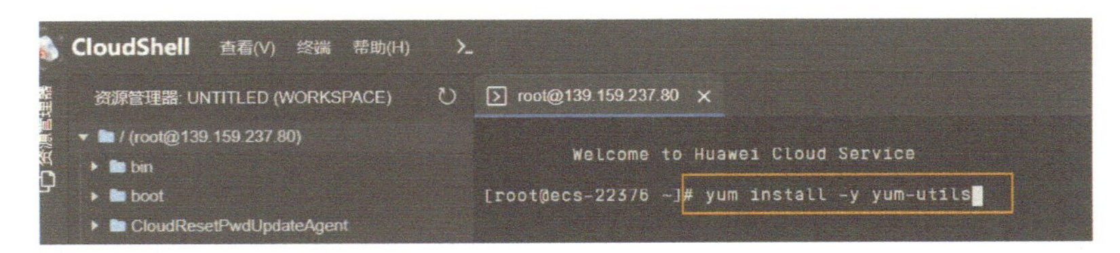

图2-9　设置将软件下载到当前文件夹

设置使用国内的镜像仓库，命令如下。

```
[root@ecs-407297 ~]# yum-config-manager \
        --add-repo \
        https://download.docker.com/linux/centos/docker-ce.repo
```

上述命令的操作如图2-10所示，注意箭头处有一个空格。

```
[root@ecs-22376 ~]# yum-config-manager \--add-repo \https://download.docker.com/linux/centos/docker-ce.repo
Loaded plugins: fastestmirror
adding repo from: https://download.docker.com/linux/centos/docker-ce.repo
grabbing file https://download.docker.com/linux/centos/docker-ce.repo to /etc/yum.repos.d/docker-ce.repo
repo saved to /etc/yum.repos.d/docker-ce.repo
[root@ecs-22376 ~]#
```

图2-10　设置使用国内的镜像仓库

第三步，通过yum命令安装Docker社区版，安装中会提示“Is this ok[y/d/N]”，输入“y”表示会自动下载对应的安装包，下载完毕后再次依据提示输入“y”即可，命令如下。

```
[root@ecs-407297 ~]# yum install docker-ce docker-ce-cli containerd.io
```

命令执行需要一段时间，请耐心等待一会儿，直到出现了提示“completed”，则代表安装完成。

第四步，查看Docker是否安装成功。使用命令docker version进行查看，如果出现版本号、服务器、容器等信息，则说明安装成功，如图2-11所示。

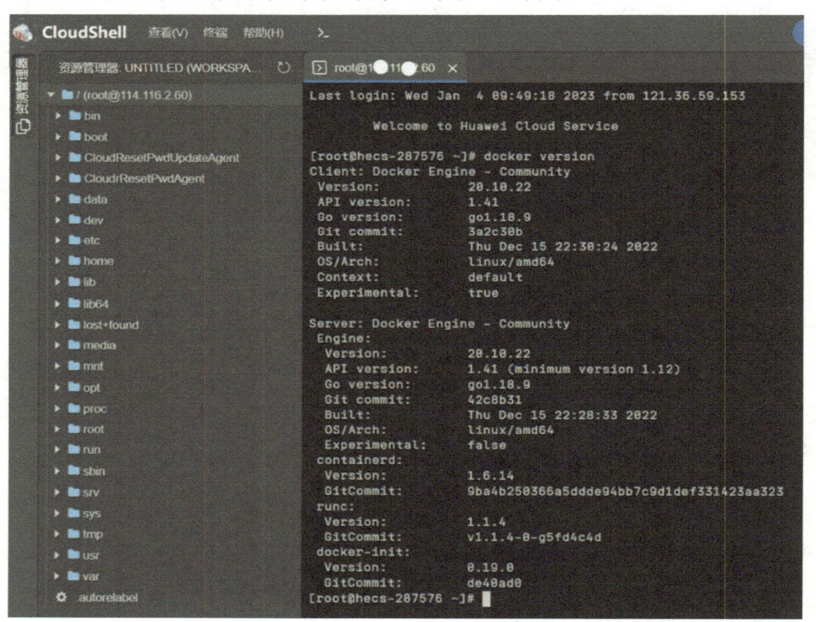

图2-11　查看Docker的版本信息

第五步，启动Docker并设置开机启动（注意空格），命令如下。

```
[root@ecs-407297 ~]# systemctl start docker
[root@ecs-407297 ~]# systemctl enable docker
```

5. 安装Docker Compose

Docker Compose是一个编排多容器的工具。Docker Compose使用一种扩展名为.yml的文件来配置应用程序需要的所有服务。使用一个命令，就可以从yml配置文件中创建并启动所有服务和销毁所有服务。Docker Compose提供命令集管理容器化应用的完整开发周期，包括服务构建、启动和停止，可以轻松地管理容器，降低维护工作量。

进入Shell命令编辑页面，安装Docker Compose。安装过程遵循以下几个步骤。

第一步，下载Docker Compose的当前稳定版本，从GitHub上的Compose存储库发布页面下载Docker Compose二进制文件，命令如下。

```
[root@ecs-407297 ~]# curl -L "https://github.com/docker/compose/releases/download/1.29.2/docker-compose-$(uname -s)-$(uname -m)" -o /usr/local/bin/docker-compose
```

第二步，对二进制文件授予可执行权限，命令如下。

```
[root@ecs-407297 ~]# chmod +x /usr/local/bin/docker-compose
```

第三步，创建软链接，命令如下。

```
[root@ecs-407297 ~]# ln -s /usr/local/bin/docker-compose  /usr/bin/docker-compose
```

第四步，查看docker-compose版本，命令如下。

```
[root@ecs-407297 ~]# docker-compose --version
```

上述各步的操作过程如图2-12所示。

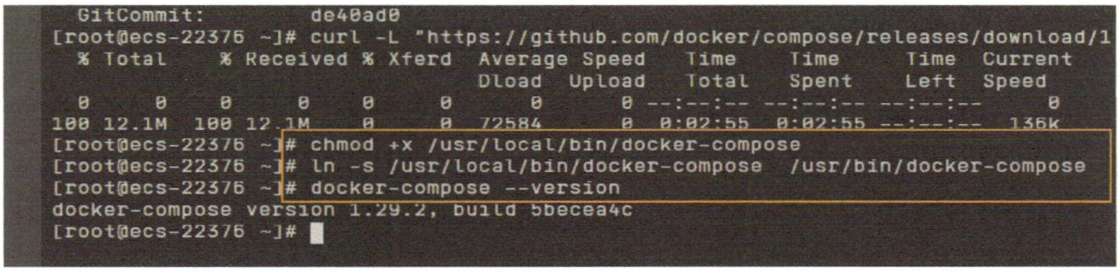

```
  GitCommit:         de40ad0
[root@ecs-22376 ~]# curl -L "https://github.com/docker/compose/releases/download/1
  % Total    % Received % Xferd  Average Speed   Time    Time     Time  Current
                                 Dload  Upload   Total   Spent    Left  Speed
  0     0    0     0    0     0      0      0 --:--:-- --:--:-- --:--:--     0
100 12.1M  100 12.1M    0     0  72584      0  0:02:55  0:02:55 --:--:--  136k
[root@ecs-22376 ~]# chmod +x /usr/local/bin/docker-compose
[root@ecs-22376 ~]# ln -s /usr/local/bin/docker-compose  /usr/bin/docker-compose
[root@ecs-22376 ~]# docker-compose --version
docker-compose version 1.29.2, build 5becea4c
[root@ecs-22376 ~]#
```

图2-12 安装Docker Compose的操作过程

6. 部署ThingsBoard

本任务选用开源的ThingsBoard物联网平台进行私有化部署，主要考虑的因素有以下几点：开放源代码，社区人气活跃；支持容器技术部署；涵盖数据收集、处理和可视化功能，能快速建立物联网相关业务系统；提供多种设备接入协议；允许用户自定义仪表板以进行数据可视化展示；使用规则引擎实现数据分析与处理，可以进行数据的过滤、告警条件设置等业务逻辑。

部署ThingsBoard物联网平台和配置相关的数据库，请遵循以下操作步骤。

第一步，创建存储数据和日志的目录并授予权限。在部署前先用命令创建用于存储数据和日志的目录，然后将其所有者更改为Docker容器用户。操作命令如下。

```
#创建目录singlethingsboard，该目录可以自定义
[root@ecs-407297 ~]# mkdir singlethingsboard
#切换到singlethingsboard下
[root@ecs-407297 ~]# cd singlethingsboard
#创建存储数据的目录并授予权限
[root@ecs-407297 singlethingsboard]# mkdir -p /data/.mytb-data && sudo chown -R 799:799 /data/.mytb-data
#创建存储日志的目录并授予权限
[root@ecs-407297 singlethingsboard]# mkdir -p /data/.mytb-logs && sudo chown -R 799:799 /data/.mytb-logs
```

上述命令的操作如图2-13所示。

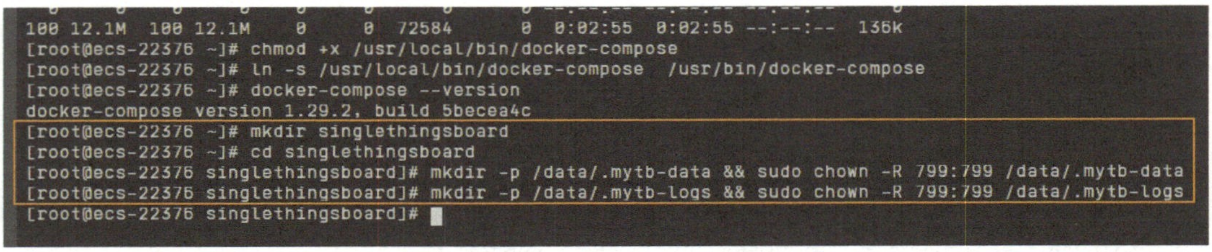

```
100 12.1M  100 12.1M    0     0  72584      0  0:02:55  0:02:55 --:--:--  136k
[root@ecs-22376 ~]# chmod +x /usr/local/bin/docker-compose
[root@ecs-22376 ~]# ln -s /usr/local/bin/docker-compose  /usr/bin/docker-compose
[root@ecs-22376 ~]# docker-compose --version
docker-compose version 1.29.2, build 5becea4c
[root@ecs-22376 ~]# mkdir singlethingsboard
[root@ecs-22376 ~]# cd singlethingsboard
[root@ecs-22376 singlethingsboard]# mkdir -p /data/.mytb-data && sudo chown -R 799:799 /data/.mytb-data
[root@ecs-22376 singlethingsboard]# mkdir -p /data/.mytb-logs && sudo chown -R 799:799 /data/.mytb-logs
[root@ecs-22376 singlethingsboard]#
```

图2-13 创建存储数据和日志的目录并授予权限的操作

第二步，新建docker-compose.yml文件，用于定义安装环境。在singlethingsboard目录下，创建并进入docker-compose.yml文件的编辑模式，命令如下。

```
[root@ecs-407297 singlethingsboard]# vi docker-compose.yml
```

第三步，编写docker-compose.yml文件。ThingsBoard物联网平台使用到了ZooKeeper（一个开放源码的分布式应用程序协调服务）、Kafka（一个开源的高吞吐量的分布式发布订阅消息系统）和PostgreSQL（一种关系型数据库管理系统），因此在docker-compose.yml文件中需要通过services项对使用到的服务进行描述，文件内容如下（注意：打开docker-compose.yml文件后，按<I>键进入编辑模式，直接复制下述内容并粘贴到docker-compose.yml中，然后按<Esc>键退出编辑模式，进入命令模式，再按<Shift+:>组合键，当提示符出现冒号后，输入wq！或x，即可保存并退出文件）。

```
version: '2.2'
services:
  zookeeper:
    restart: always
    image: "zookeeper:3.5"
    ports:
      - "2181:2181"
    environment:
      ZOO_MY_ID: 1
      ZOO_SERVERS: server.1=zookeeper:2888:3888;zookeeper:2181
  kafka:
    restart: always
    image: wurstmeister/kafka
    depends_on:
      - zookeeper
    ports:
      - "9092:9092"
    environment:
      KAFKA_ZOOKEEPER_CONNECT: zookeeper:2181
      KAFKA_LISTENERS: INSIDE://:9093,OUTSIDE://:9092
      KAFKA_ADVERTISED_LISTENERS: INSIDE://:9093,OUTSIDE://kafka:9092
      KAFKA_LISTENER_SECURITY_PROTOCOL_MAP: INSIDE:PLAINTEXT,OUTSIDE:PLAINTEXT
      KAFKA_INTER_BROKER_LISTENER_NAME: INSIDE
    volumes:
```

```
        - /var/run/docker.sock:/var/run/docker.sock
  mytb:
    restart: always
    image: "thingsboard/tb-postgres"
    depends_on:
      - kafka
    ports:
      - "9090:9090"
      - "1883:1883"
      - "5683:5683/udp"
    environment:
      TB_QUEUE_TYPE: kafka
      TB_KAFKA_SERVERS: kafka:9092
    volumes:
      - /data/.mytb-data:/data
      - /data/.mytb-logs:/var/log/thingsboard
```

第四步，使用docker-compose启动容器。在包含docker-compose.yml文件的目录中，执行Docker Compose命令pull和up，进行ThingsBoard的部署，命令如下。

```
[root@ecs-407297 singlethingsboard]# docker-compose pull
[root@ecs-407297 singlethingsboard]# docker-compose up
#说明：如果需要后台启动ThingsBoard，就使用-d参数
[root@ecs-407297 singlethingsboard]# docker-compose up -d
#说明：需要关闭ThingsBoard时的命令
[root@ecs-407297 singlethingsboard]# docker-compose down
```

执行完命令后，需要等待一会，直到启动成功即可完成ThingsBoard的部署。

7. 登录ThingsBoard

安装ThingsBoard结束后，需对ThingsBoard平台进行登录测试。打开浏览器，在浏览器地址栏输入“http://远程服务器地址:9090”格式的链接（说明：远程服务器地址可通过华为云服务器列表查找到），如图2-14所示。

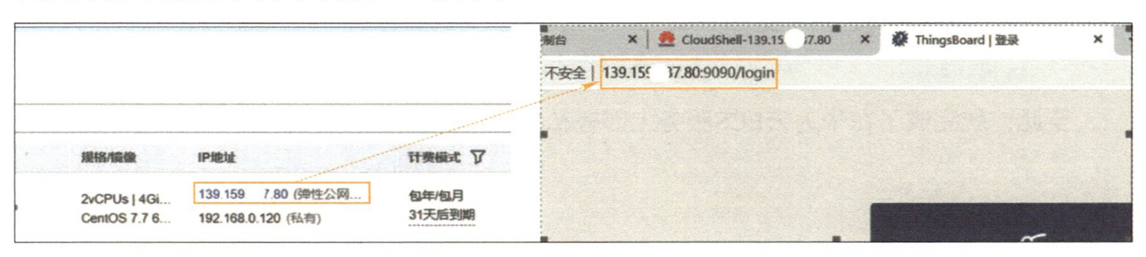

图2-14 登录ThingsBoard

页面出现后，输入账号和密码。ThingsBoard默认的账号为tenant@thingsboard.org，默认的密码为tenant，单击“登录”按钮即可进入ThingsBoard主页，如图2-15所示。

登录成功后，会跳转到ThingsBoard的首页，如图2-16所示。

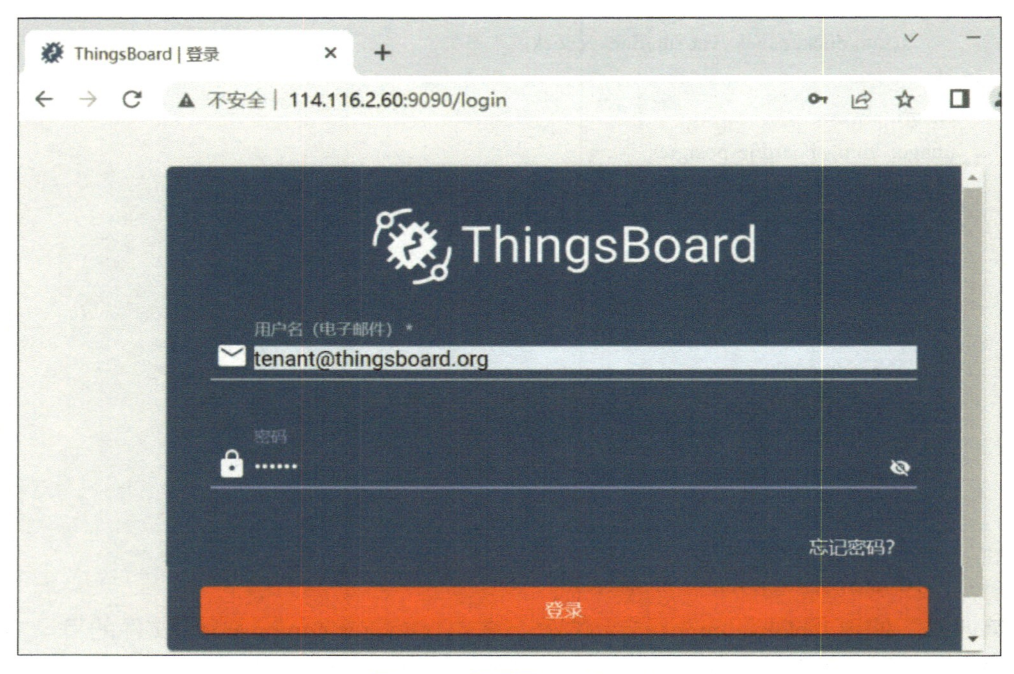

图2-15　登录ThingsBoard

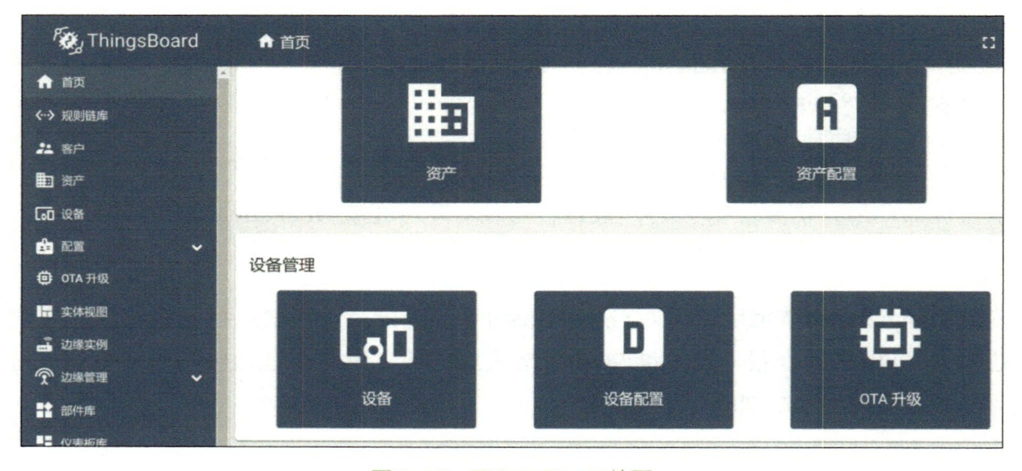

图2-16　ThingsBoard首页

至此，就完成了在华为云ECS服务上部署私有的ThingsBoard物联网云平台。

任务小结

本任务将ThingsBoard物联网云平台部署在华为云的ECS服务器中，服务器可长时间运行，需要时直接连接华为云服务器即可。部署成功后，物联网云平台拥有了公网的访问地址，之后“智慧工厂”App将通过公网地址与云平台进行数据交互。

将设备接入物联网云平台

任务描述

本任务完成将“智慧工厂”App项目需要的设备接入ThingsBoard物联网云平台中，在ThingsBoard上创建设备配置和设备信息，通过MQTTBox软件使用MQTT协议进行设备遥测数据的上传，打通数据上报的链路，在真正开始“智慧工厂”App的开发前做好数据的测试准备。

学习目标

知识目标

- 了解MQTT协议的作用和使用场景；
- 了解MQTT协议的相关参数及作用。

能力目标

- 能在ThingsBoard上添加设备配置和设备；
- 能了解MQTT协议；
- 能使用MQTTBox客户端上传遥测数据。

素质目标

- 掌握数学、自然科学、工程基础和物联网专业知识，具备综合运用这些知识解决物联网工程专业复杂工程问题的能力；
- 运用数字工具和资源进行自主学习和创新，包括数字化合作与探究的能力、创新精神和创新能力。

任务实施

物联网的设备数据要上报到ThingsBoard平台，需要在ThingsBoard平台上有对应的设备信息。ThingsBoard平台上的设备映射着真实世界中的物联网设备或模拟的设备，可以产生遥测数据或者处理RPC命令，传感器、执行器或者控制设备的开与关等都可以用相应的设备来描述。

本任务完成在ThingsBoard平台上添加“智慧工厂”App项目需要的设备配置和设备，并且通过MQTTBox软件上报模拟的设备传感器数据。

1. 在ThingsBoard平台上添加设备配置

设备配置主要用于确定设备类型，通过设备配置信息对设备进行分类过滤，以方便查找设备。

“智慧工厂”App需要添加两个设备配置，见表3-1。

表3-1 “智慧工厂”App的设备配置信息

序号	名称	说明
1	actuator	智慧工厂执行器类设备
2	sensor	智慧工厂传感器类设备

创建设备配置的过程是：单击侧边栏中的“配置”→“设备配置”选项，单击右上角的“+”按钮添加设备配置，在弹出来的“添加设备配置”页面中，输入设备配置名称和说明，单击“添加”按钮即可创建设备配置。

以添加“sensor”传感器类型的设备配置为例，操作过程如图3-1所示。

图3-1 添加“sensor”传感器类型的设备配置操作过程

按上述操作过程及表3-1中的信息，添加“actuator”执行器类型的设备配置，创建好的设备配置信息如图3-2所示。

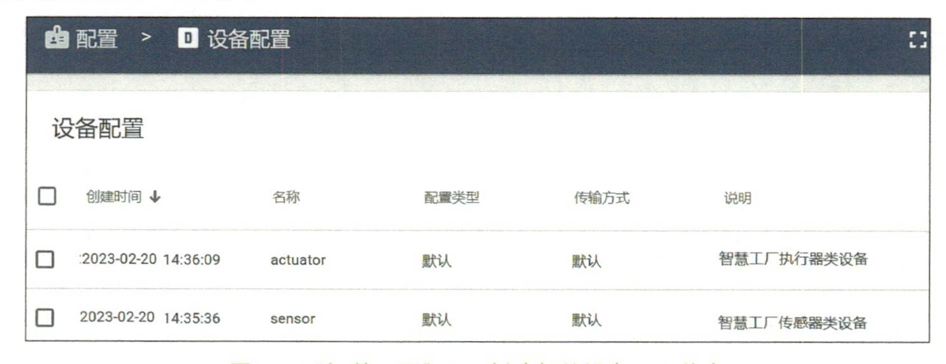

图3-2 “智慧工厂”App创建好的设备配置信息

2. 在ThingsBoard平台上添加设备

在设备配置添加完成后，开始添加设备。ThingsBoard平台中的设备主要作为真实设备的映射，真实设备有多少个，就需要在ThingsBoard平台中创建多少个对应的设备。

“智慧工厂”App需要添加13个设备，设备信息见表3-2。

表3-2 “智慧工厂”App的设备信息

序号	设备名称	设备配置	遥测数据格式	设备标签
1	Pressure_out	sensor	{"value":10316}	大气压力传感器
2	Uwb0	sensor	{"value":"{\"bestx\":171.315,\"besty\":101.478,\"r0\":199,\"r1\":115,\"r2\":77,\"r3\":141,\"status\":0}"}	UWB定位
3	Co2	sensor	{"value":414}	二氧化碳传感器
4	Temperature_out	sensor	{"value":28}	温度传感器
5	Body	sensor	{"value":1}	人体红外传感器
6	PM25	sensor	{"value":20}	PM2.5传感器
7	Humidity_out	sensor	{"value":22}	湿度传感器
8	Arming	sensor	{"value":1}	布防/撤防
9	Tricolorlamp_red	actuator	{"value":1}	告警灯-红
10	Tricolorlamp_yellow	actuator	{"value":1}	告警灯-黄
11	Tricolorlamp_green	actuator	{"value":1}	告警灯-绿
12	Fan	actuator	{"value":1}	风扇
13	LED	actuator	{"value":1}	小灯泡

添加设备时，请严格遵循表中的大小写设定，因为后期真实设备接入中心网关后，在中心网关上也配置相同的设备标识，因此才能无缝地适配由中心网关上传的真实设备的数据。

添加设备的过程是：单击侧边栏中的“设备”选项，然后单击右上角的“+”按钮，选择“添加新设备”选项，在弹出来的“添加新设备”页面中，输入设备名称、设备标签，选择该设备所属的设备配置，单击“添加”按钮，即可完成新设备的添加。

以添加温度传感器设备“Temperature_out”为例，操作过程如图3-3所示。

根据上述操作过程及表3-2中的信息添加其余12个设备，创建好的传感器类设备和执行器类设备的信息如图3-4和图3-5所示。

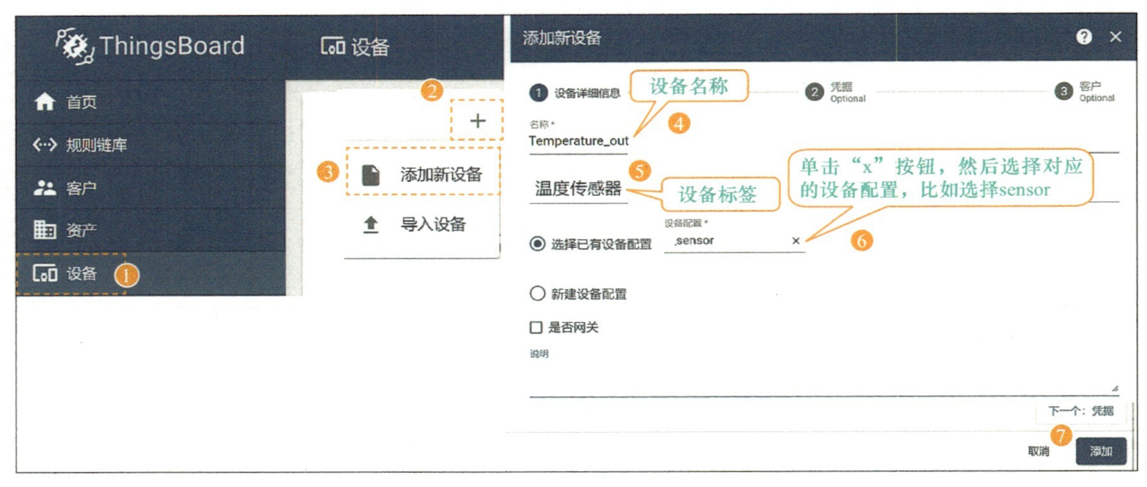

图3-3　添加设备的操作过程

设备　设备配置 sensor ×

☐	创建时间 ↓	名称	设备配置	标签	客户	公开	是否网关
☐	2023-03-08 13:38:44	Arming	sensor	布防/撤防		☐	☐
☐	2023-03-08 11:55:55	Uwb0	sensor	UWB定位		☐	☐
☐	2023-03-08 11:55:31	Co2	sensor	二氧化碳传感器		☐	☐
☐	2023-03-02 14:18:49	Pressure_out	sensor	大气压力传感器		☐	☐
☐	2023-02-28 12:39:51	Temperature_out	sensor	温度传感器		☐	☐
☐	2023-02-28 12:39:51	Body	sensor	人体红外传感器		☐	☐
☐	2023-02-28 12:39:51	PM25	sensor	PM2.5传感器		☐	☐
☐	2023-02-28 12:39:51	Humidity_out	sensor	湿度传感器		☐	☐

图3-4　传感器类设备的信息

设备　设备配置 actuator ×

☐	创建时间 ↓	名称	设备配置	标签	客户	公开	是否网关
☐	2023-02-28 12:39:51	Tricolorlamp_red	actuator	告警灯-红		☐	☐
☐	2023-02-28 12:39:51	Tricolorlamp_yellow	actuator	告警灯-黄		☐	☐
☐	2023-02-28 12:39:51	LED	actuator	小灯泡		☐	☐
☐	2023-02-28 12:39:51	Fan	actuator	风扇		☐	☐
☐	2023-02-28 12:39:51	Tricolorlamp_green	actuator	告警灯-绿		☐	☐

图3-5　执行器类设备的信息

3. 使用MQTTBox发布遥测数据

扫码观看视频　扫码观看视频

MQTT（Message Queuing Telemetry Transport）是一种轻量级的、基于客户端/服务器的发布/订阅模式的消息通信协议，主要用于物联网等场景下的设备间通信。

在MQTT协议的通信过程中有3种身份：发布者（Publisher）、消息代理（MQTT Broker）、订阅者（Subscriber）。

发布者负责将消息发布（Publish）到指定的主题（Topic，主题是一个标识符，消息可以包含在任何主题下，用于将消息发送到特定的频道）；订阅者负责订阅（Subscribe）感兴趣的主题，并接收相关的消息；消息代理是一个介于发布者和订阅者之间的中间件，它接收发布者发布的消息并将其传递给订阅者，还负责维护客户端的连接状态和订阅关系。MQTT协议的通信示意图如图3-6所示。

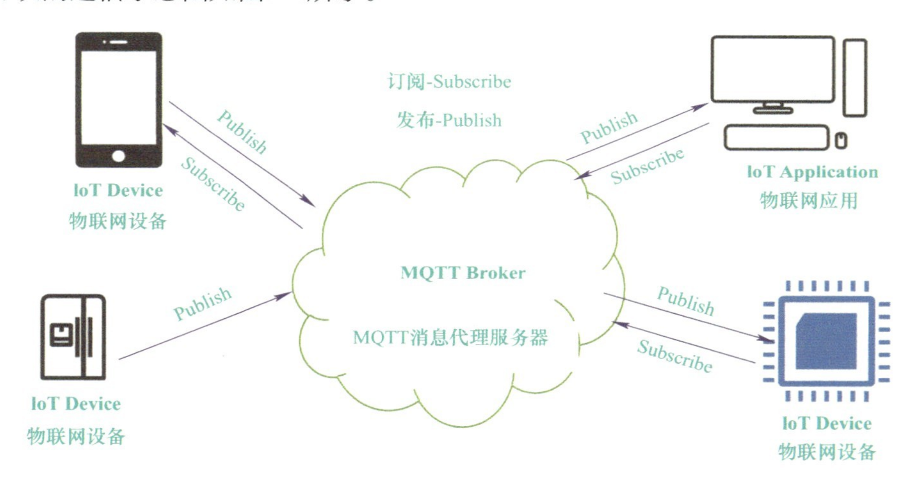

图3-6　MQTT协议的通信示意图

MQTT协议支持多种QoS（Quality of Service，服务质量），用于保证消息的可靠性、顺序性和传输效率。MQTT协议定义了3个不同的QoS级别，分别为0、1和2。不同的QoS级别在消息传输的可靠性、传输效率和实现难度等方面各有不同。对于实时性要求较高的消息，可以选择QoS 0；对于重要性较高、需要可靠性保证的消息，可以选择QoS 2；而QoS 1保证了至少一次的传输。在本任务中，采用的是QoS 1的传输质量级别。

在MQTT协议中，发布者和订阅者之间的通信都是异步的，发布者不需要知道有哪些订阅者，订阅者也不需要知道有哪些发布者。这种基于发布/订阅模式的通信方式，使得MQTT协议非常适合物联网等场景下的设备间通信。

MQTT协议的应用场景非常广泛，例如，智能家居、车联网、工业自动化、智能医疗等领域。同时，MQTT协议还被广泛应用于物联网平台、云服务等领域，成为连接物联网设备和云端服务的重要桥梁。

当采用MQTT协议将设备接入ThingsBoard物联网平台时，此时的ThingsBoard充当MQTT服务器。这时如果没有真实设备，就可以使用MQTTBox软件充当客户端，用

MQTTBox模拟真实设备，按ThingsBoard平台规定的遥测数据（传感数据）格式，将遥测数据发布给ThingsBoard，同时订阅控制设备的主题消息，如图3-7所示。

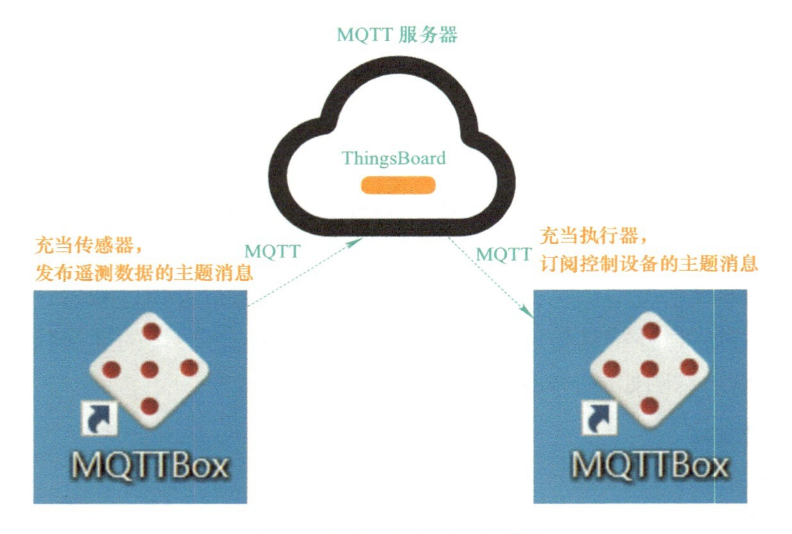

图3-7　MQTT的发布与订阅

在搭建好ThingsBoard后，通过MQTTBox测试连接到该平台，实现设备遥测数据上报的测试，可遵循以下实施步骤。

第一步，获取设备的访问令牌。在ThingsBoard上复制要发送遥测数据的设备的访问令牌，以CO_2传感器设备为例，单击设备名为“Co2”的设备，在打开的设备详情页中复制设备的访问令牌，如图3-8所示。

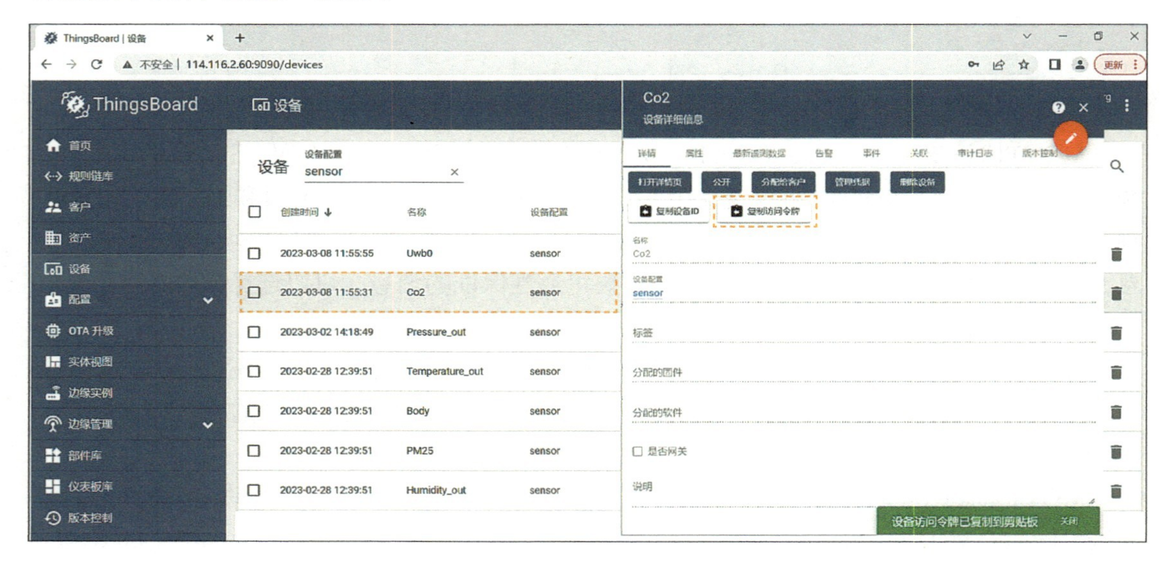

图3-8　复制设备的访问令牌

第二步，双击打开MQTTBox软件，单击Create MQTT Client（创建MQTT客户端）选项，输入MQTT Client Name（客户端名称）（说明：此处可随意填写），Protocol（传输协议）选择“mqtt/tcp”，输入Username（用户名）为设备的访问令牌值，输入ThingsBoard服务器的IP和PORT（Host），PORT默认是1883，选择Will-QoS（服务质量）选择“1-Atleast Once”，单击“Save”按钮保存连接的设备，页面跳转后，出现“Connected”则证明MQTTBox客户端已经成功连接上ThingsBoard，如图3-9和图3-10所示。

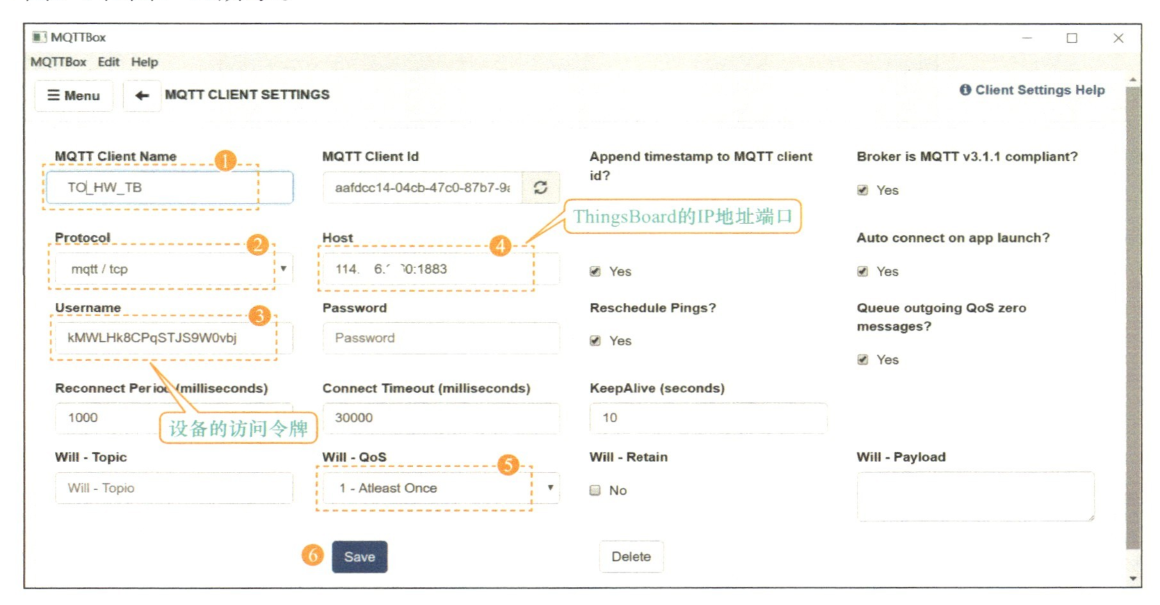

图3-9 配置MQTTBox连接ThingsBoard

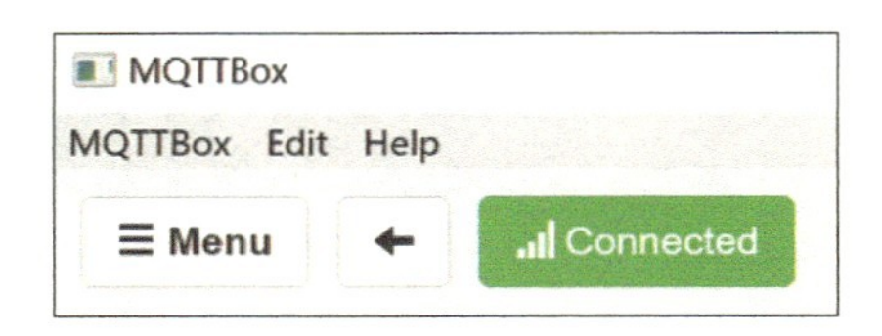

图3-10 成功连接到ThingsBoard

第三步，连接成功后，往ThingsBoard发送遥测数据。发送Topic to publish（主题）为“v1/devices/me/telemetry”，选择QoS（服务质量）为“1-Atleast Once”，输入Payload（消息载荷）为“{"value":288}”，单击“Publish”按钮进行遥测数据的发布，如图3-11所示。

第四步，数据发送成功后，到ThingsBoard中查看Co2的最新遥测值，如图3-12所示。

参照以上方式和表3-2中的遥测数据的格式，将其他设备的模拟遥测数据发送到ThingsBoard对应的设备中，其中各设备的访问令牌需要自行查找。

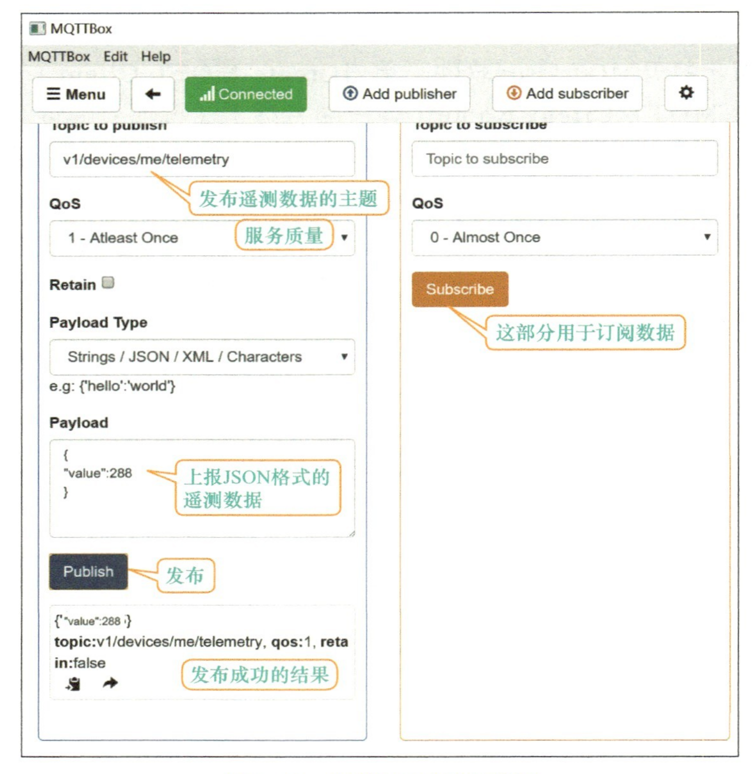

图3-11　发送Co2的遥测数据

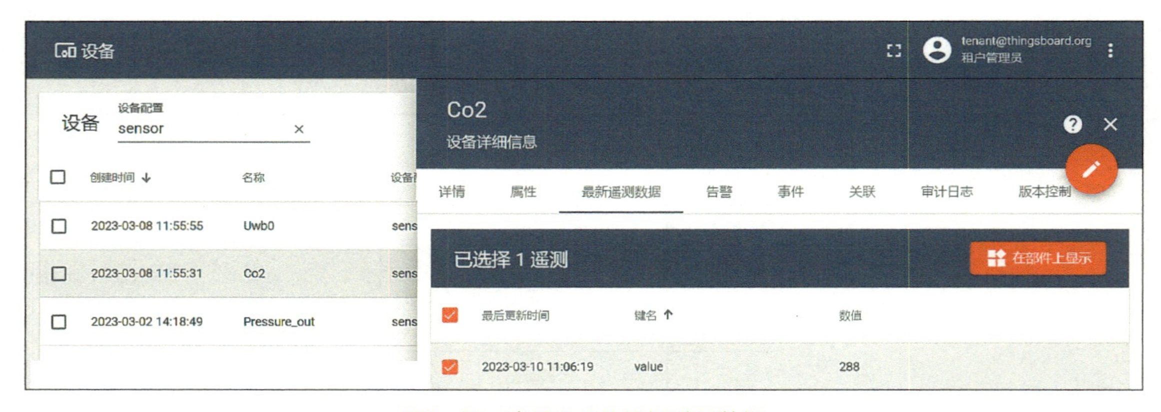

图3-12　查看Co2的最新遥测数据

任务小结

本任务先在ThingsBoard上创建设备配置，再创建设备，将设备与设备配置进行绑定，同时用MQTTBox模拟设备的数据，发送遥测数据的主题，实现了设备模拟数据的上报。

由于设备的控制还需要处理设备的关联关系以及设计规则链，因此设备的控制将在后面的任务中再进行处理，同时可通过MQTTBox订阅控制设备的主题消息。

任务4 创建“智慧工厂”App项目

任务描述

在前面的任务中，对“智慧工厂”App项目有了整体的了解，并准备好了设备数据，本任务开始进入项目的开发阶段。

本任务讲解“智慧工厂”App项目的创建，整合图片工具类、字符串和颜色资源等，为项目添加需要的权限，修改应用的名称和图标等。

学习目标

知识目标

- 了解“智慧工厂”App项目创建过程；
- 了解“智慧工厂”App项目的资源整合思路。

能力目标

- 能在DevEco Studio中完成“智慧工厂”App项目的创建；
- 能完成“智慧工厂”App项目的资源整合；
- 能完成“智慧工厂”App项目的权限添加；
- 能整理字符串和颜色资源；
- 能修改“智慧工厂”App的应用名称和图标。

素质目标

- 掌握数学、自然科学、工程基础和物联网专业知识，具备综合运用这些知识解决物联网工程专业复杂工程问题的能力；
- 具备良好的文档习惯，能够将代码的逻辑、功能、测试结果等记录下来，以便于后续的维护和升级。

任务实施

本任务主要实现创建“智慧工厂”App项目工程，将配套资源包中的资源整理到“智慧工厂”App项目工程中，为后续开发做准备。

1. 整理工程目录文件

打开DevEco Studio，创建新的ArkTS工程，命名为SmartFactory（可自定义名字），待工程构建完毕后，按照图1-6所示的目录结构，整理“智慧工厂”App项目需要的文件和图片资源。

将图片资源复制到resources>media下，整理好的图片资源如图4-1所示。

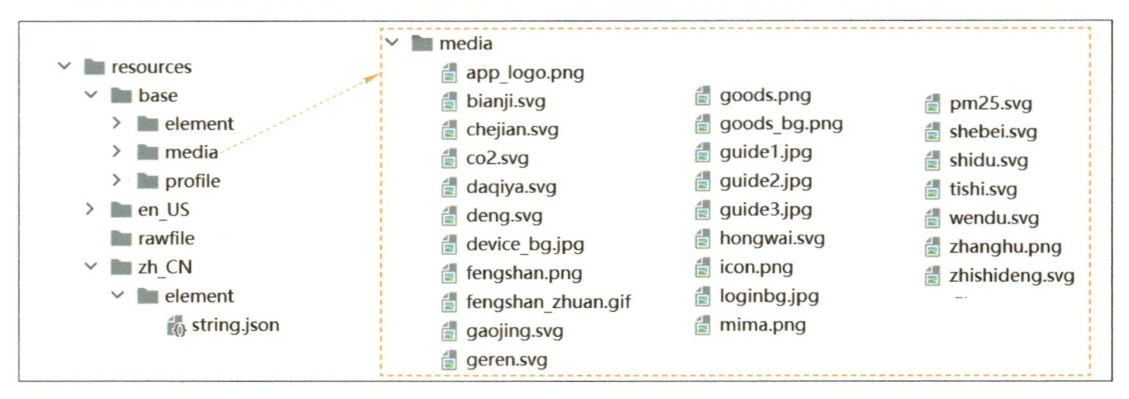

图4-1 整理好的图片资源

在ets目录下创建对应的目录，并将提供的数据库操作类和工具类文件资源放到对应的目录下，如图4-2所示。

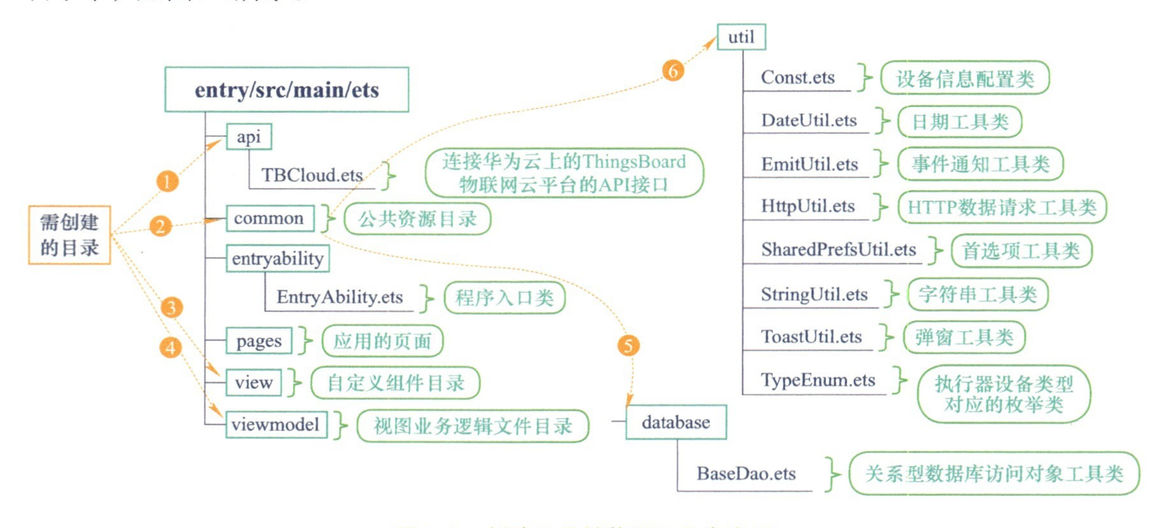

图4-2 创建目录并整理工具类资源

2. 修改设备的信息

util包的Const.ets文件中的信息，用来配置ThingsBoard上的设备信息。复制ThingsBoard上的设备的ID和访问令牌，替换Const.ets文件中对应设备的信息。

以名为“Co2”的设备为例，在ThingsBoard上获得该设备的ID和访问令牌的位置，如图4-3所示。

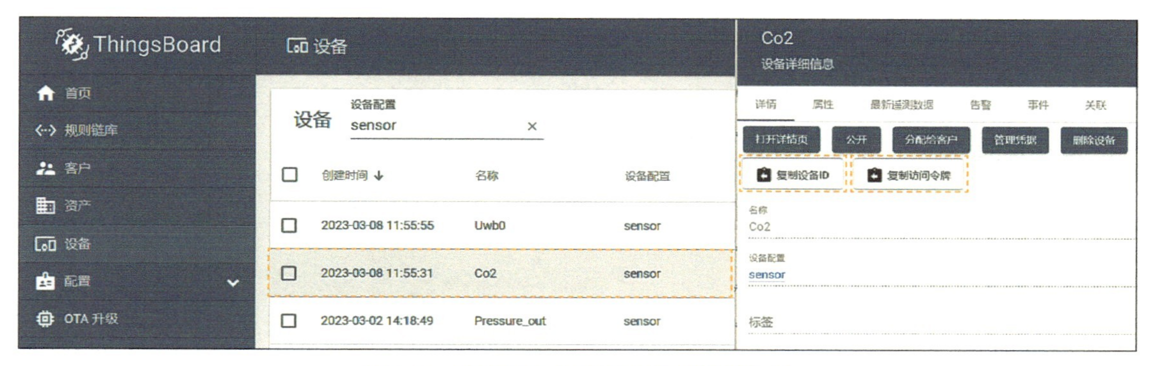

图4–3　获取设备的ID和访问令牌的位置

在Const.ets文件中按设备的真实信息进行替换，代码如下。

```
1. export default class Const {
2.    //传感器 设备ID
3.    //大气压力传感器 设备ID
4.    public static readonly pressureOutId:string = "请替换"
5.    //CO2传感器 设备ID
6.    public static readonly co2Id:string = "请替换"
7.    //PM2.5传感器 设备ID
8.    public static readonly pm25Id:string = "请替换"
9.    //温度传感器 设备ID
10.   public static readonly temperatureOutId:string = "请替换"
11.   //湿度传感器 设备ID
12.   public static readonly humidityOutId:string = "请替换"
13.   //人体红外传感器 设备ID
14.   public static readonly bodyId:string = "请替换"
15.   //UWB传感器 设备ID
16.   public static readonly uwb0Id:string = "请替换"
17.   //布防虚拟 设备ID
18.   public static readonly armingId:string = "请替换"
19.
20.   //执行器设备ID
21.   //告警灯-黄 设备ID
22.   public static readonly tricolorlampYellowId:string = "请替换"
23.   //告警灯-绿 设备ID
24.   public static readonly tricolorlampGreenId:string = "请替换"
25.   //告警灯-红 设备ID
26.   public static readonly tricolorlampRedId:string = "请替换"
27.   //LED小灯泡 设备ID
28.   public static readonly ledId:string = "请替换"
29.   //风扇设备ID
30.   public static readonly fanId:string = "请替换"
31.
32.   //执行器设备的设备访问令牌(TOKEN)
33.   //告警灯-黄 设备访问令牌
34.   public static readonly tricolorlampYellowToken:string = "请替换"
35.   //告警灯-绿 设备访问令牌
36.   public static readonly tricolorlampGreenToken:string = "请替换"
37.   //告警灯-红 设备访问令牌
```

```
38. public static readonly tricolorlampRedToken:string = "请替换"
39. //LED小灯泡 设备访问令牌
40. public static readonly ledToken:string = "请替换"
41. //风扇 设备访问令牌
42. public static readonly fanToken:string = "请替换"
43. //布防虚拟设备 设备访问令牌
44. public static readonly armingToken:string = "请替换"
45. }
```

3. 添加权限

由于App需要访问物联网云平台，因此需要添加网络访问的权限，在module.json5配置文件的module节点中添加网络访问权限，如图4-4所示。

```
module.json5
1  {
2    "module": {
3      "name": "entry",
4      "requestPermissions":[
5        {
6          "name" : "ohos.permission.INTERNET"
7        }
8      ],
9      "type": "entry",
```

图4-4　添加网络访问权限

4. 修改应用名称和图标

修改“智慧工厂”App的图标和文字，如图4-5所示。

使用模拟器运行应用，应用运行起来后，单击Back按钮，验证应用的图标和文字是否与预期的一致。

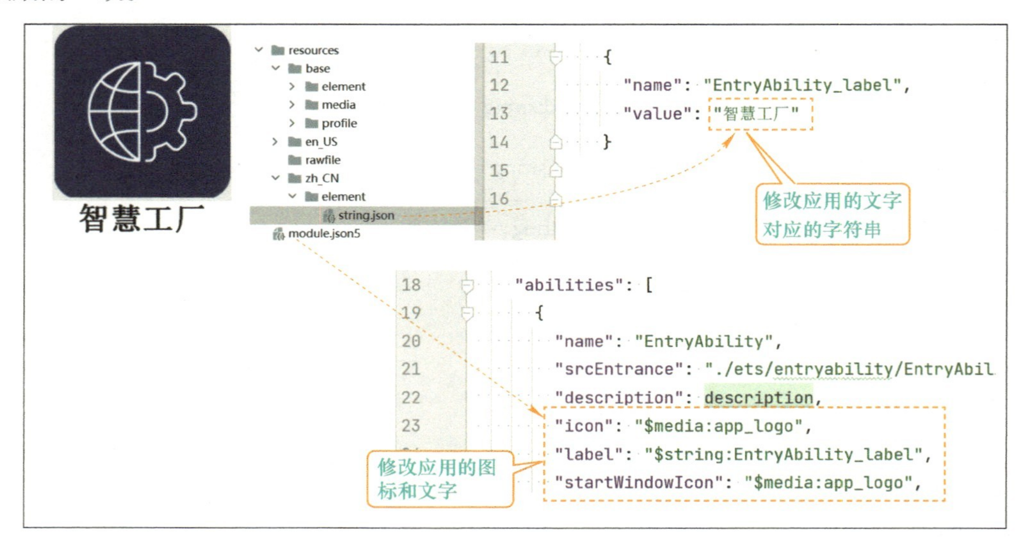

图4-5　修改“智慧工厂”App的图标和文字

5. 整理颜色资源

在“智慧工厂”App中，一些文字有颜色要求，因此需要整理resources>base>element目录下的color.json，添加应用需要使用的颜色资源，如图4-6所示。

color.json

```
{
  "color": [
    {
      "name": "start_window_background",
      "value": "#FFFFFF"
    },
    {
      "name": "app_light",
      "value": "#00C5CD"
    },
    {
      "name": "app_nomral",
      "value": "#FF605F5F"
    },
    {
      "name": "app_data",
      "value": "#FF41A6DD"
    }
  ]
}
```

App的主题风格颜色

传感器设备离线状态的颜色

传感器设备在线状态的颜色

图4-6 添加“智慧工厂”App需要使用的颜色资源

任务小结

本任务按“智慧工厂”App的功能需求进行了目录和文件的创建，整理好了图片资源、设备信息、网络访问权限，并修改了应用的图标和文字，完成了“智慧工厂”App项目的工程创建。在后续的任务中，将按照不同的任务功能需求继续完善对应的文件内容，完整呈现物联网App的开发过程。

任务5 开发“智慧工厂”App的引导页

任务描述

本任务使用Swiper组件和提供的首选项工具类完成“智慧工厂”App的引导页开发。当应用运行时，使用首选项判断应用是否是首次运行，如果是，则执行引导页，否则跳过引导页执行登录页。

学习目标

知识目标

- 掌握Swiper组件的使用；
- 掌握首选项的使用。

能力目标

- 能使用Swiper组件实现引导页的页面切换；
- 能使用首选项完成是否是首次运行应用的判断。

素质目标

- 具备严谨的开发流程和正确的编程思路；
- 正确理解任务单中描述的需求，并将其转换为具体的代码实现；
- 能够运用数字工具和资源进行自主学习和创新，包括数字化合作与探究的能力、创新精神和创新能力。

任务实施

引导页是用户在首次使用应用时进行产品推介和引导的说明页面，可使用户在最短的时间内了解这个软件的主要功能、操作方式，以便迅速上手。本任务完成引导页的开发，并实现首次运行应用时执行引导页，再次运行时跳过引导页而执行登录页。

1. 修改应用运行的首页

应用运行的首页在入口文件EntryAbility.ts中修改。由于在后面的任务中还需要在EntryAbility.ts文件中导入其他使用ArkTS语法的文件，因此需要先将EntryAbility.ts修改为EntryAbility.ets。

在pages目录下新建Guide.ets和Login.ets页面文件，Login.ets是登录页，Guide.ets用于编写引导页的代码。在EntryAbility.ets中的onWindowStageCreate()方法中修改Guide为应用运行的首页，代码如下。

```
1. export default class EntryAbility extends UIAbility {
2.     …
3.     onWindowStageCreate(windowStage: window.WindowStage) {
4.       …
5.         windowStage.loadContent('pages/Guide', (err, data) => {
6.         …
7.         });
8.     }
9.     ...
10. }
```

2. 引导页的UI布局分析

引导页UI布局的最外层是Row布局，在Row布局中有一个层叠布局容器Stack，Stack里面放页面切换容器组件Swiper和按钮组件Button。组件Swiper中有3个Image页面，当Swiper的页面切换到第1页和第2页时不渲染Button，当页面切换到第3页时才渲染Button。引导页的组件树结构如图5-1所示。

图5-1 引导页的组件树结构

3. 将首选项对象保存为全局对象

在应用的入口文件EntryAbility.ets的onCreate()方法中导入首选项工具类，并把首选项对象保存到globalThis全局对象中，以方便在引导页中通过全局对象进行首次运行标志的保存和读取，代码如下。

```
1. //导入首选项工具类
2. import SharedPrefsUtil from '../common/util/SharedPrefsUtil'
3.
4. export default class EntryAbility extends UIAbility {
5.       onCreate(want, launchParam) {
6.             //保存首选项对象
7.             let prefsUtil: SharedPrefsUtil = new SharedPrefsUtil(this.context)
8.             globalThis.prefsUtil = prefsUtil
9.             …
10.       }
11.       …
12. }
```

4. 实现引导页功能

在Guide.ets文件中编写代码，实现引导页功能。导入页面路由和首选项工具类；在组件的生命周期函数中判断是否是首次运行，如果不是首次运行，则在引导页出现前跳转到登录页，否则执行build()的部分代码，渲染出引导页；当引导页切换到第3个页面时，出现“开始”按钮，在按钮的单击事件中跳转到登录页。代码如下。

```
1. //导入页面路由
2. import router from '@ohos.router';
3. //导入首选项工具类
4. import SharedPrefsUtil from '../common/util/SharedPrefsUtil'
5. @Entry
6. @Component
7. struct Guide {
8.   //当前页面的下标
9.   @State currIndex:number = 0
10.    //引导页的3个图片资源
11.    private imgArr:Resource[] = [$r("App.media.guide1"), $r("App.media.guide2"), $r("App.media.guide3")]
12.    //组件的生命周期函数
13.    async aboutToAppear() {
14.      //获取全局的首选项对象
15.      let prefsUtil:SharedPrefsUtil = globalThis.prefsUtil
16.      //获取关键字guide对应的值，如果获取到的值为started，则说明应用不是首次运行
17.      await prefsUtil.getByAsync("guide").then(data=> {
18.        if(data == "started") {
19.          //如果应用不是首次运行，则跳转到登录页
20.          router.pushUrl({
21.            url: 'pages/Login'
22.          })
23.        }
24.      })
25.    }
26.
```

```
27.  build() {
28.      Row() {
29.       //层叠布局
30.       Stack({alignContent:Alignment.Bottom}) {
31.         //页面切换容器
32.         Swiper() {
33.           ForEach(this.imgArr, (item:Resource)=> {
34.             Image(item).width("100%").height("100%")
35.               .objectFit(ImageFit.Fill)
36.           })
37.         }.width("100%").height("100%")
38.         .displayCount(1)//显示1页
39.         .autoPlay(true)//自动播放
40.         .loop(true)  //循环播放
41.         .onChange((index:number)=> {//页面切换时触发的回调方法
42.           this.currIndex = index   //记录当前页面的下标
43.         })
44.         //如果页面切换到第3页，那么渲染Button按钮，让按钮显示出来
45.         if (this.currIndex == 2) {
46.           Button("开始").width(200).height(50).fontSize(20)
47.             .margin({bottom: 80})
48.             .backgroundColor($r("App.color.App_light"))
49.             .onClick(async ()=> {
50.               //获取全局的首选项对象
51.               let prefsUtil:SharedPrefsUtil = globalThis.prefsUtil
52.              //保存首次运行的标志
53.               await prefsUtil.saveByAsync("guide", "started")
54.               //跳转到登录页
55.               router.pushUrl({
56.                 url: 'pages/Login'
57.               })
58.             })
59.         }
60.       }.width("100%").height("100%")
61.      }.height('100%').width("100%")
62.      .justifyContent(FlexAlign.Center)
63.      .alignItems(VerticalAlign.Center)
64.  }
65. }
```

引导页的代码编写好了之后，在运行应用前，先修改Login.ets页面的状态变量的值为“登录页”，代码如下。

```
@State message: string = '登录页'
```

使用模拟器运行应用，当页面切换到第3页时，“开始”按钮被渲染出来；单击“开始”按钮，能跳转到登录页面；单击“多任务”按钮，进行后台应用的内存数据清理；当

再次运行应用时，会从首选项中加载保存的首次运行的标志，从而不再执行引导页，直接进入登录页。验证引导页的执行过程的操作步骤如图5-2所示。

图5-2 验证引导页的执行过程的操作步骤

任务小结

应用的引导页不需要每次使用时都进入，通常用户首次使用应用时进入。使用首选项功能，通过保存应用首次运行的标记来判断应用是否是首次运行，从而决定是否运行引导页。使用首选项功能，还可以处理记住密码和记住同意隐私许可等功能，有兴趣的读者可自行尝试。

任务6 获取物联网云平台的安全访问令牌

任务描述

本任务完成在登录页向ThingsBoard发起安全认证，将认证通过后返回的访问令牌（ACCESS_TOKEN）传递到主页。App与ThingsBoard的所有数据交互都需携带该ACCESS_TOKEN值。有了ACCESS_TOKEN，才可以继续从ThingsBoard获取设备的遥测数据。

在完成App与云平台的安全认证的同时，也使用首选项继续完成首次登录的流程判断。

学习目标

知识目标

- 掌握渐变色的使用；
- 了解JWT的结构以及使用场景；
- 掌握ThingsBoard物联网平台Swagger的使用；
- 掌握ArkTS的HTTP模块的使用。

能力目标

- 能使用ArkTS组件编写登录页面；
- 能了解ThingsBoard的安全认证机制；
- 能了解ThingsBoard提供的API接口；
- 能封装与ThingsBoard进行数据交互的类；
- 能使用封装好的HttpUtil工具类实现与云平台的安全认证。

素质目标

- 有效地管理自己的时间和工作进度，合理安排时间和任务，保证项目顺利进行；
- 提出新的想法和解决方案，具备创新能力和冒险精神，不断探索和尝试新的技术。

任务实施

要想实现App从ThingsBoard云平台获取设备数据，需要先使用ThingsBoard提供的API接口进行安全认证。安全认证通过后，会返回访问令牌（ACCESS_TOKEN），将访问令牌传递到主页，以便后续使用该访问令牌去访问设备的遥测数据，这样才能实现与云平台的数据交互。

在完成登录的同时，也需要使用首选项进行登录标志的保存，如果已经登录过，则下次无须登录，直接进入主页。获取安全认证并登录成功的效果如图6-1所示。

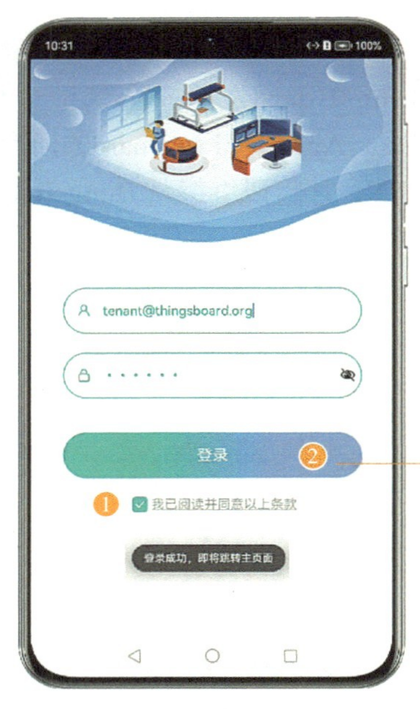

图6-1　获取安全认证并登录成功的效果

扫码观看视频

扫码观看视频

扫码观看视频

1. 开发登录页

在登录页面，需要输入连接ThingsBoard的用户名和密码，同时需要用户先勾选“我已阅读并同意以上条款”复选框，才允许单击“登录”按钮，向ThingsBoard云平台发起认证请求。

在Login.ets中编写代码，使用ArkTS组件开发登录页面，代码如下。

```
1. //导入消息提示
2. import ToastUtil from '../common/util/ToastUtil'
3.
4. @Entry
5. @Component
6. struct Login {
7.   //登录ThingsBoard的用户名和密码
8.   @State user: {
9.     username: string,
10.     password: string
11.   } = { username: 'tenant@thingsboard.org', password: 'tenant' }
12.   //已阅读并同意的标志
```

```
13.    @State read: boolean = false
14.    //访问ThingsBoard的令牌
15.    private token: string = ""
16.
17.  //组件的生命周期方法aboutToAppear()，在这里处理是否登录过的业务
18.    async aboutToAppear()
19.    {
20.      //待完成
21.    }
22.    build() {
23.      Stack({ alignContent: Alignment.Center }) {
24.        Image($r("App.media.loginbg")).width("100%").height("100%")
25.          .objectFit(ImageFit.Fill)
26.        Column() {
27.          //输入用户名
28.          TextInput({ placeholder: "请输入账户", text: this.user.username })
29.            .inputFunc(InputType.Normal, $r("App.media.zhanghu"), 140)
30.            .onChange((val) => {
31.              this.user.username = val //获取输入的用户名
32.            })
33.          //输入密码
34.          TextInput({ placeholder: "请输入密码", text: this.user.password })
35.            .inputFunc(InputType.Password, $r("App.media.mima"), 25)
36.            .onChange((val) => {
37.              this.user.password = val //获取输入的密码
38.            })
39.
40.          Button("登录")
41.            .width("100%").height(60).fontSize(30)
42.            .backgroundColor("#00FFFFFF").borderRadius(30)
43.            .margin({ top: 45 })
44.            .linearGradient({ //"登录"按钮的渐变色
45.              direction: GradientDirection.Right,
46.              repeating: false,
47.              colors: [[0x00C5CD, 0.3], [0x82B6FD, 0.7]]
48.            })
49.           .onClick(async () => { //必须勾选复选框
50.              if (!this.read) {
51.                ToastUtil.show("请勾选我已阅读并同意以上条款")
52.                return
53.              }
54.
55.              this.myLogin();//登录ThingsBoard云平台
```

```
56.                })
57.
58.              Row() {
59.                //我已阅读并同意
60.                Checkbox().select(this.read)
61.                  .selectedColor($r("App.color.App_light"))
62.                  .onChange((val) =>
63.                  {
64.                    this.read = val //获取勾选状态
65.                  })
66.                Text("我已阅读并同意以上条款").fontSize(17).fontColor($r("App.color.App_nomral"))
67.                  .decoration({
68.                    type: TextDecorationType.Underline
69.                  })
70.              }.width("100%").justifyContent(FlexAlign.Center).margin({ top: 20 })
71.
72.            }.width("80%").height("100%")
73.            .justifyContent(FlexAlign.Center)
74.            .alignItems(HorizontalAlign.Center)
75.          }.width("100%").height("100%")
76.  }
77.
78.    //处理登录ThingsBoard云平台的业务
79.    async myLogin(){
80.      //待完成
81.    }
82. }
83. //封装用户名和密码输入框的样式
84. @Extend(TextInput) function inputFunc(
85.      inputType: InputType, imgSrc: Resource,marginTop: number) {
86.    .width("100%").height(60).type(inputType)
87.    .backgroundImage(imgSrc)
88.    .backgroundImageSize({ width: 60, height: 60 })
89.    .backgroundImagePosition({ x: 50, y: 60 })
90.    .backgroundColor(imgSrc).padding({ left: 50 })
91.    .fontSize(17).fontColor($r("App.color.App_light"))
92.    .border({ width: 1, color: $r("App.color.App_light"), radius: 30 })
93.    .margin({ top: marginTop })
94. }
```

预览应用，验证未勾选同意按钮时，单击“登录”按钮会有相关提示。

2. 分析与ThingsBoard交互数据的指令

扫码观看视频

扫码观看视频

扫码观看视频

ThingsBoard提供了API接口以供第三方应用与ThingsBoard进行数据交互。安装ThingsBoard服务器后，可以使用URL（http://YOUR_HOST:PORT/swagger-ui.html）打开RESTful交互式文档，也可以通过官网获取相关的API信息。

ThingsBoard的接口使用JWT（Json Web Token，是基于JSON的一个公开规范）在用户和服务器之间传递安全、可靠的信息，是目前流行的跨域认证解决方案。在登录ThingsBoard后，登录的用户名和密码将交换为ACCESS_TOKEN。“智慧工厂”App使用HTTP从ThingsBoard请求设备的遥测数据，在之后的每个HTTP请求中需携带ACCESS_TOKEN与ThingsBoard进行数据交互。

（1）分析登录指令

登录ThingsBoard所用的API接口是：http://YOUR_HOST:PORT/api/auth/login。获取ACCESS_TOKEN的命令如下。

```
curl -i -X POST http://${IP}:${PORT}/api/auth/login --header "Content-Type:application/json" -d "{"username":${USERNAME},"password":${PASSWORD}}"
```

命令执行成功后的返回响应信息如下。

```
{"token":${TOKEN},"refreshToken":${REFRESH_TOKEN},"scope":null}
```

在命令执行成功后的返回信息中，关键字“token”后面的值${TOKEN}就是访问令牌，也就是ACCESS_TOKEN。

使用Windows操作系统提供的curl命令行工具，测试登录与ThingsBoard的安全认证，获取访问令牌，这里以华为云上的ThingsBoard地址114.xx.xx.xx为例（其中，地址要替换成用户的真正IP地址），命令如下。

```
curl -i -X POST http://114.xx.xx.xx:9090/api/auth/login --header "Content-Type:application/json" -d ""{""username"":""tenant@thingsboard.org"",""password"":""tenant""}"
```

上述操作命令及响应如图6-2所示。

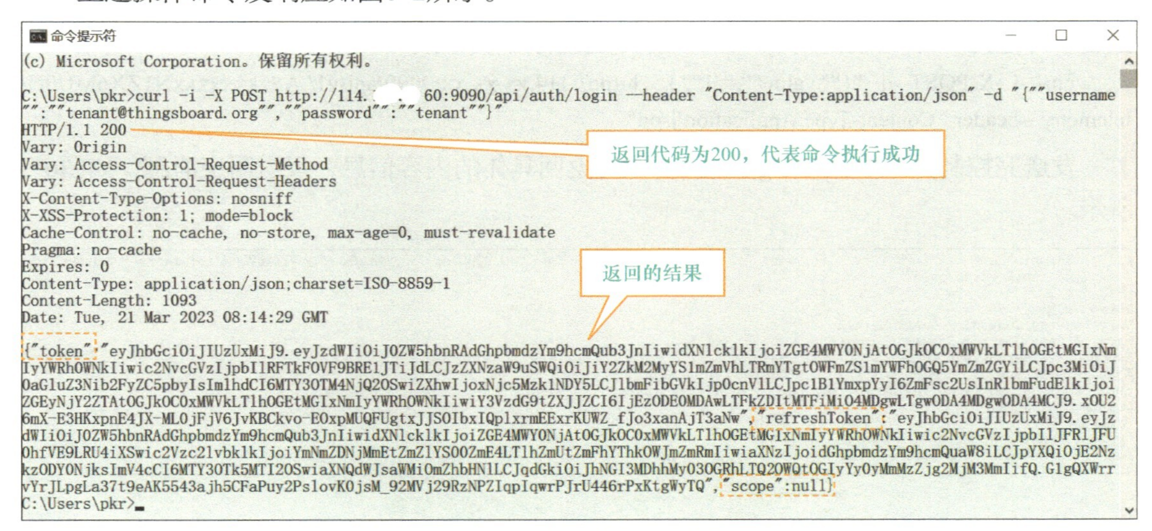

图6-2 操作命令及响应

在上述操作的响应结果中，返回的“token”后面的值就是经过安全认证的访问令牌ACCESS_TOKEN。有了ACCESS_TOKEN，就可以携带ACCESS_TOKEN向ThingsBoard请求设备的遥测数据了。

（2）分析获取遥测数据的指令

向ThingsBoard请求设备的遥测数据的指令如下。

```
curl -X GET http://${IP}:${POST}/api/plugins/telemetry/DEVICE/${DEVICE_ID}/values/timeseries?useStrictDataTypes=true --header "Authorization: Bearer ${TOKEN}"
```

其中的${DEVICE_ID}要替换成用户要查询的设备ID，${TOKEN}要替换成成功登录后返回的ACCESS_TOKEN。

发送了请求遥测数据的指令后，ThingsBoard会返回设备的遥测数据，返回数据的JSON格式示例如下。

```
{"value":[{"ts":1679288244365,"value":36}]}
```

后一个关键字“value”对应的值36，就是用户请求的设备的遥测数据，而关键字“ts”后面的值就是设备的遥测数据的更新时间。

（3）分析控制设备的遥测指令

“智慧工厂”App一直在监测着车间的环境数据，当某一项数据超过预设的阈值后，会自动触发对应的执行器，进行车间环境的调节，因此App需要将控制设备的指令发送给ThingsBoard。

发送控制设备的遥测指令，不需要ACCESS_TOKEN，指令格式如下。

```
curl -i -X POST -d ${TELEMETRY_VALUE} http://${IP}:${POST}/api/v1/${DEVICE_TOKEN}/telemetry --header "Content-Type:Application/json"
```

其中的${TELEMETRY_VALUE}替换成控制设备的指令，${DEVICE_TOKEN}替换成控制设备的访问令牌。

以控制小灯泡为例，假设小灯泡的设备访问令牌为“ASzkxxxxxxN1ZX6MU0N”，要控制小灯泡为“开”的指令为“1”，则要发送的指令如下。

```
curl -i -X POST -d "{""value"":""1""}" http:// 114.xx.xx.xx:9090/api/v1/ ASzkxxxxxxN1ZX6MU0N/telemetry --header "Content-Type:Application/json"
```

发送完控制指令后，ThingsBoard并没有返回具体的内容信息，仅返回空消息，如图6-3所示。

```
C:\Users\admin>curl -i -X POST -d "{""value"":""1""}" http://114.[illegible]:9090/api/v1/ASz[illegible]bN1ZX6MU0N/telemetry --header "Content-Type:application/json"
HTTP/1.1 200
Vary: Origin
Vary: Access-Control-Request-Method
Vary: Access-Control-Request-Headers
X-Content-Type-Options: nosniff
X-XSS-Protection: 1; mode=block
Cache-Control: no-cache, no-store, max-age=0, must-revalidate
Pragma: no-cache
Expires: 0
Content-Length: 0
Date: Mon, 06 Mar 2023 04:32:48 GMT
```

图6-3 发送控制指令后的响应信息

接下来就是把上述操作封装成对应的方法，以便后期App调用方法完成与ThingsBoard进行数据交互的功能。

3. 封装与ThingsBoard交互数据的类

在ets>api目录下创建TBCloud.ets文件，在TBCloud.ets文件中创建TBCloud类，用于与ThingsBoard进行数据交互。使用提供的HttpUtil工具类，完成登录功能的login()方法的封装。同时，为了后续从ThingsBoard上获取设备的遥测数据和发送控制设备的遥测指令，也一并封装了相关的方法，代码如下。

```
1. //导入向ThingsBoard发起连接请求的HttpUtil工具类
2. import HttpUtil from '../common/util/HttpUtil'
3. //与ThingsBoard云平台交互数据的类
4. export default class TBCloud {
5.   private static readonly TB_IP_PORT:string = "http://请改成您的TB的公网IP地址:9090"
6.
7.   /**
8.    * 登录认证
9.    * @param param 用户名和密码组成的用户对象
10.   */
11.  public static async login(param:{username:string,password:string}) {
12.     //向ThingsBoard发起POST请求
13.     return await HttpUtil.postByAsync(
14.         TBCloud.TB_IP_PORT + "/api/auth/login",
15.     param)
16.  }
17.
18.  /**
19.   * 获取传感设备和执行设备的遥测数据信息
20.   * @param deviceId ThingsBoard上的设备ID
21.   * @param token   登录成功后返回的ACCESS_TOKEN
22.   */
23.  public static async telemetry(deviceId:string, token:string) {
24.     //组装从ThingsBoard获取遥测数据的URL
25.     const url = TBCloud.TB_IP_PORT
26.       + '/api/plugins/telemetry/DEVICE/${deviceId}/values/timeseries?useStrictDataTypes=true'
27.     //向ThingsBoard发起GET请求
28.     return await HttpUtil.getByAsync(url, {"Authorization":'Bearer ${token}'})
29.  }
30.
31.  /**
32.   * 修改设备的遥测数据
```

```
33.     * @param deviceToken ThingsBoard上的设备的访问令牌
34.     * @param param      0:关(默认)  1:开
35.     */
36.    public static async motify(deviceToken:string, param:number=0) {
37.       //组装从ThingsBoard修改遥测数据的URL
38.       const url = TBCloud.TB_IP_PORT
39.          + '/api/v1/${deviceToken}/telemetry'
40.       //向ThingsBoard发起POST请求
41.       return await HttpUtil.postByAsync(url, {value: param})
42.    }
43. }
```

4. 完成登录功能

在Login.ets页面的最前面导入登录功能使用到的模块，代码如下。

```
1. //导入页面路由
2. import router from '@ohos.router';
3. //导入首选项工具类
4. import SharedPredsUtil from '../common/util/SharedPrefsUtil'
5. //导入与ThingsBoard进行数据交互的类
6. import TBCloud from '../api/TBCloud'
7. //导入http能力模块
8. import http from '@ohos.net.http';
```

完善Login.ets页面中预留登录的业务功能代码，实现向ThingsBoard发起安全认证，并用首选项工具类提供的方法保存登录的信息，代码如下。

```
1. //处理登录ThingsBoard云平台的业务
2. async myLogin(){
3.   //登录ThingsBoard
4.   await TBCloud.login(this.user).then(async (data: http.HttpResponse) => {
5.      if (data.responseCode == 200) {
6.        //获取返回的消息，并生成对象
7.        let result = JSON.parse(data.result.toString())
8.        //将数据保存成全局变量，可进行全局调用
9.        this.token = result.token
10.        //提示信息
11.        ToastUtil.show("登录成功，即将跳转主页面")
12.        //跳转到主页面
13.        router.pushUrl({ url: 'pages/Index', params: { token: this.token } })
14.        //将信息通过首选项进行持久化保存
15.        let prefsUtil: SharedPredsUtil = globalThis.prefsUtil
16.        //登录成功后，通过首选项功能保存登录账号信息，下次直接登录进入
```

```
17.         await prefsUtil.saveByAsync("logined",
18.         JSON.stringify(this.user))
19.         return
20.       }
21.     ToastUtil.show("登录失败，用户名或密码输入有误...")
22.   })
23. }
```

完善Login.ets页面中预留的组件的生命周期函数的业务功能代码，实现判断是否已经登录过。如果用户处理过登录，则无须再处理，只需要在后面向ThingsBoard再次发起安全认证即可。之所以需要再次发起安全认证，原因是之前的认证通过后的ACCESS_TOKEN有时限要求，需要重新获取ACCESS_TOKEN，代码如下。

```
1. async aboutToAppear() {
2.   //获取全局的首选项对象
3.   let prefsUtil: SharedPredsUtil = globalThis.prefsUtil
4.   //获取是否登录过的标志
5.   await prefsUtil.getByAsync("logined").then(async (data) => {
6.     //如果登录过
7.     if (data) {
8.       //从首选项中取出上次登录的用户信息
9.       let user = JSON.parse(data.toString())
10.      //在后台向ThingsBoard发起登录请求
11.      await TBCloud.login(user).then(async (data: http.HttpResponse) => {
12.        //如果登录成功
13.        if (data.responseCode == 200) {
14.          //获取ThingsBoard云平台返回的消息，并生成结果对象
15.          let result = JSON.parse(data.result.toString())
16.          //将结果对象中的访问令牌保存成全局变量，方便后续进行全局调用
17.          this.token = result.token
18.          //跳转到主页，并将访问令牌传递到主页
19.          router.pushUrl({ url: 'pages/Index', params: { token: this.token } })
20.        }
21.      })
22.    }
23.  })
24. }
```

代码编写完成后，在运行应用前，先修改Index.ets页面的状态变量的值为“主页”，代码如下。

```
@State message: string = '主页'
```

使用模拟器运行应用，验证登录功能，并验证如果是首次登录，则需要认证，如果不是首次登录，则直接跳转到主页，操作过程如图6-4所示。

图6-4 验证登录及首次登录的操作过程

任务小结

本任务完成了登录页的开发，通过JWT的安全认证方式与ThingsBoard进行交互认证，获取到了ACCESS_TOKEN，展示了App与物联网云平台的数据交互过程。

在封装了与ThingsBoard进行数据交互的类之后，在主页开发过程中需调用该封装类的方法，以此获取传感器设备/执行器设备的遥测数据，以及发送控制设备的遥测指令，这些将在后续的任务中一一展开。

任务7 实现环境监测数据可视化

任务描述

本任务完成“智慧工厂”App的主页开发，并在主页的“车间监测”页签中完成车间环境监测数据的可视化开发。

学习目标

知识目标

- 掌握Marquee的使用；
- 掌握@Observed与@ObjectLink的使用和应用场景。

能力目标

- 能使用ArkTS组件编写主页；
- 能完成车间环境监测页面的开发；
- 能从ThingsBoard获取传感器数据；
- 能展示车间的环境数据；
- 能实现车间环境数据的动画显示效果。

素质目标

- 编程需要耐心和细心，能够静下心来解决问题，不轻易放弃；
- 能够将具体的问题抽象化，总结出问题的共性和规律，从而更好地解决问题；
- 培养可持续发展能力：利用书籍或网络上的资料帮助解决实际问题。

任务实施

在“智慧工厂”的车间里安装了多合一传感器，并将多合一传感器采集到的温度、湿度、二氧化碳（CO_2）、PM2.5、人体红外以及大气压力的传感数据传输到了ThingsBoard云平台。在本任务里，先使用MQTTBox向ThingsBoard模拟发送多合一传感器的数据，并实现App从ThingsBoard获取传感数据，展示在车间环境监测页面。

本任务先完成主页的开发，再在主页的“车间监测”页签对应的内容子视图页面中完成多合一传感数据的可视化展示开发。

1. 开发主页面

在“智慧工厂”App中需要3个页面，分别用来展示车间的环境监测数据、物品的安全监测数据和设备告警的数据，可以使用Tabs容器组件来实现。通过Tabs的tabBar页签进行3个数据展示的内容子视图切换，实现图7-1所示的主页面切换效果。

图7-1　主页面切换效果

在Index.ets文件中编写代码，先用@Builder装饰器构建自定义的tabBar,再在Tabs组件中使用自定义的tabBar实现页签的文字和图标变化。Tabs的3个内容视图页先用Text组件进行模拟，后期再替换成相关的内容视图页，代码如下。

```
1. @Entry
2. @Component
3. struct Index {
4.   //Tabs的当前选中页签索引
5.   @State tabsIndex:number = 0
6.   /**
7.    * 构建自定义的tabBar
8.    * @param msg  tabBar的文字
9.    * @param icon  tabBar的图标
10.    * @param index tabBar的索引
11.    */
12.   @Builder
13.   public bottomButton(msg:string, icon:Resource, index:number) {
```

```
14.     Column() {
15.       //tabBar的图标
16.       Image(icon).width(35).height(35).fillColor(
17. index==this.tabsIndex?$r("App.color.App_light"):$r("App.color.App_nomral"))
18.       //tabBar的文字
19.       Text(msg).fontSize(18).fontColor(
20. index==this.tabsIndex?$r("App.color.App_light"):$r("App.color.App_nomral"))
21.     }.width("100%").justifyContent(FlexAlign.Center)
22.     .alignItems(HorizontalAlign.Center)
23. }
24.
25. build() {
26.     Column() {
27.       Tabs({barPosition: BarPosition.End,
28.         index: 0 }) {
29.         //内容视图1：车间环境监测
30.         TabContent() {
31.           //先用Text组件模拟，后期将被替换成Device()
32.           Text("车间环境数据展示页").fontSize(30).padding(100)
33.         }.tabBar(this.bottomButton("车间监测", $r("App.media.chejian"), 0))
34.         //内容视图2：物品监测
35.         TabContent() {
36.           //先用Text组件模拟，后期将被替换成Goods()
37.           Text("物品安全监测数据展示页").fontSize(30).padding(100)
38.         }.tabBar(this.bottomButton("物品监测", $r("App.media.shebei"), 1))
39.         //内容视图3：设备告警
40.         TabContent() {
41.           //先用Text组件模拟，后期将被替换成Alarm()
42.           Text("设备告警数据展示页").fontSize(30).padding(100)
43.         }.tabBar(this.bottomButton("设备告警", $r("App.media.gaojing"), 2))
44.         }.width("100%").height("100%")
45.         .onChange(index => this.tabsIndex = index)
46.       }
47.       .height('100%').width("100%")
48.     }
49. }
```

预览应用，验证页面的切换效果，确保3个页面能正确切换，并且底部的页签指示正确。

2. 分析环境监测内容视图页的结构

如图7-2所示，车间环境监测内容视图页由一级标题、告警提示、二级标题和传感数据展示区域构成。

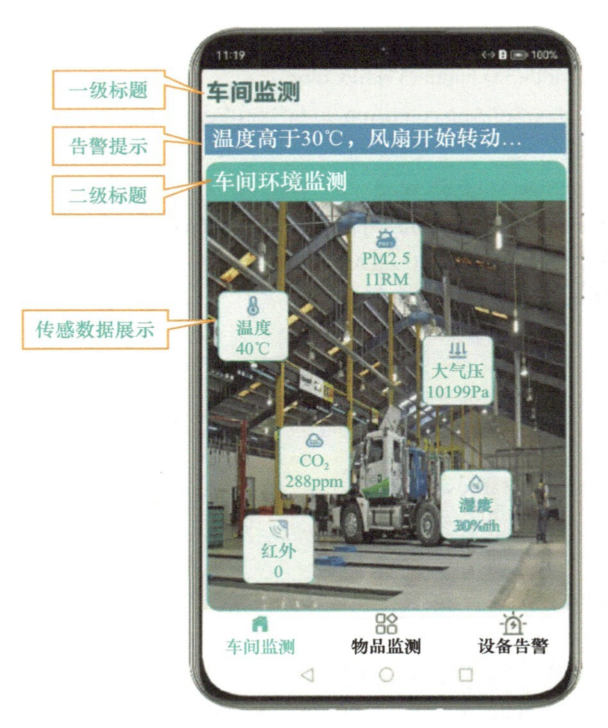

图7-2　车间环境监测内容视图页的结构

要完成车间环境监测数据展示页面的开发，需要先完成这些区域对应的组件的封装，再进行组件的组合，形成车间环境监测数据展示页面。

3. 封装一级标题组件

观察内容子视图的页面结构，可以看到一级标题区域按Row布局摆放组件，左边有文字、右边有图片、底部有横线，再用Blank组件占满Row布局内剩余的空间。将一级标题抽取出来，成为一个自定义的组件，其组件树结构如图7-3所示。

按上述分析，一级标题的组件树结构，可以将左边的文字、右边的图片和右边图片的事件处理提取成参数，设计成图7-4所示的效果。

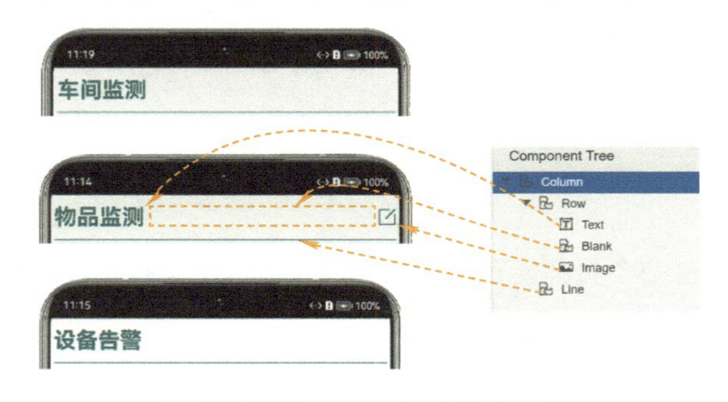

图7-3　一级标题组件的树结构

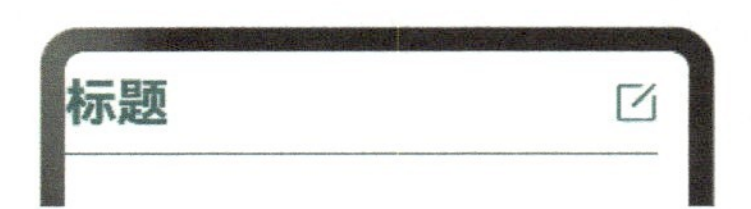

图7-4　一级标题组件的效果

在ets>common目录下新建component目录，在component目录下新建TitleComponent.ets文件，并在该文件中创建自定义的一级标题组件TitleComponent，代码如下。

```
1. @Entry
2. @Component
3. export default struct TitleComponent {
4.    //左边的文字
5.    private title:string = "标题"
6.    //右边的图片
7.    private imageResource:Resource = $r("App.media.bianji")
8.    //右边图片的事件处理回调函数
9.    private func: ()=> void
10.   build() {
11.     Column() {
12.       Row() {
13.         Text(this.title).fontColor('#006A73').fontSize(30)
14.           .fontWeight(FontWeight.Bold)
15.         Blank()
16.         if(this.imageResource) {
17.           Image(this.imageResource).width(25).height(25).
18.             onClick(this.func)
19.         }
20.       }.width("100%").height(60)
21.       .justifyContent(FlexAlign.Center).alignItems(VerticalAlign.Center)
22.       //底部的横线
23.       Line({width: "100%", height: 1}).backgroundColor('#006A73')
24.     }.width("95%")
25.   }
26. }
```

预览组件，确认无误后，为方便后面的页面中调用一级标题，将文字和图片的初始值进行注释，代码如下。

```
1. //左边的文字
2. private title:string //= '标题'
3. //右边的图片
4. private imageResource:Resource //= $r("App.media.bianji")
```

4. 封装二级标题组件

观察内容子视图的页面结构，可以看到二级标题区域由Text组件构成，效果如图7-5所示。

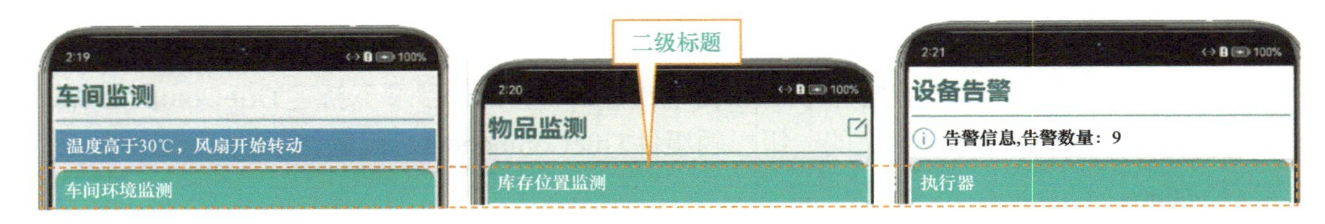

图7-5　二级标题效果

在ets>common>component目录下新建SecondTitleComponent.ets文件，并在该文件中创建自定义的二级标题组件SenondTitleComponent，要显示的二级标题抽取为title参数，代码如下。

```
1. @Entry
2. @Component
3. export default struct SecondTitleComponent {
4.    private title:string
5.    build() {
6.       Row() {
7.    Text(this.title).fontColor(Color.White).fontSize(20).fontWeight(FontWeight.Bold)
8.       }.width("100%").height(50).backgroundColor($r("App.color.App_light"))
9.       .borderRadius({topLeft:15, topRight:15 })
10.       .padding({left: 10})
11.   }
12. }
```

5. 封装展示告警提示信息的组件

扫码观看视频

当车间环境超过预设的阈值时，在车间环境数据展示页面的告警提示区可以展示告警提示信息。为了方便后续的操作，封装展示告警提示信息的组件。使用Marquee进行告警提示信息的滚动展示。

在view目录下创建组件MyMarquee，将告警信息对应的状态变量通过装饰器@Link进行修饰。当有告警信息时，调用MyMarquee组件将告警信息传递给变量tips即可，代码如下。

```
1. @Component
2. export default struct MyMarquee {
3.    @Link tips:string
4.    build() {
5.       Row() {
6.          Marquee({
7.             start: true, //是否启动滚动
8.             step: 20, //步长，滚动的速度
9.             loop: Infinity, //循环次数，Infinity表示死循环
10.             fromStart: true, //是否从头开始滚动
11.             src: this.tips //滚动的资源信息
```

```
12.            }).width("95%")
13.              .height(40)
14.              .fontColor('#F1F2F3')
15.              .fontSize(30)
16.              .fontWeight(500)
17.              .backgroundColor($r("App.color.App_data"))
18.        }.width("100%").justifyContent(FlexAlign.Center)
19.    }
20. }
```

6. 封装多合一传感器的数据实体类

扫码观看视频

在车间环境监测数据展示页，需要展示监测到的多合一传感器数据，为方便操作，封装对应的传感器实体类。

在ets>model目录下新建SensorBean.ets文件，并在该文件中创建SensorBean类，该类用装饰器@Observed修饰。@Observed应用于类，表示该类中的数据变更被UI页面管理，与其对应的装饰器是@ObjectLink，@ObjectLink应用于被@Observed所装饰类的对象（变量），可实现类和对象中变量的自由绑定。SensorBean类的代码如下。

```
1. @Observed
2. export default class SensorBean {
3.    //设备名称
4.    public name:string
5.    //设备图标
6.    public icon:Resource
7.    //设备参数
8.    public param:number
9.    //传感数据的单位
10.   public suffix:string
11.   //设备状态
12.   public state:boolean
13.   //设备展示位置
14.   public x:string
15.   public y:string
16. }
```

7. 封装展示传感数据的组件

当获取每一个传感器设备的遥测数据后，需要进行数据展示，可以封装一个SensorItem类用于展示单个传感器的数据。同时，为了方便查看，该组件使用显式动画配合数据的展示，单击组件时，可以放大进行查看，再次单击时，可以缩小组件的展示，效果如图7-6所示。

图7-6　传感器数据展示的效果

扫码观看视频

在view目录下新建SensorItem组件，导入传感器实体类，要展示的传感设备对应的数据传递到状态变量item中，item用@ObjectLink装饰，给组件添加显式动画，代码如下。

```
1. import SensorBean from '../common/model/SensorBean'
2. @Component
3. export default struct SensorItem {
4.   //多合一传感器对象
5.   @ObjectLink item:SensorBean
6.   //图标的大小，单击后通过该变量进行放大和缩小
7.   @State itemScale:number = 1
8.   //传感器组件的Z轴值，页面组件绘制的顺序
9.   @State itemzIndex:number = 1
10.  build() {
11.    Column() {
12.      Image(this.item.icon).width(25).height(25)
13.        .fillColor(this.item.state? $r("App.color.App_nomral"):$r("App.color.App_data"))
14.      Text(this.item.name).fontSize(18)
15.        .fontColor($r("App.color.App_data"))
16.        .margin({top: 5})
17.      Text(this.item.param + this.item.suffix).fontSize(18)
18.        .fontColor($r("App.color.App_data"))
19.        .margin({top: 5})
20.    }.width(90).height(90)
21.    .justifyContent(FlexAlign.Center)
22.    .alignItems(HorizontalAlign.Center)
23.    .backgroundColor("#F1F2F3")
24.    .position({x: this.item.x, y: this.item.y})
```

```
25.     .border({width:1, radius:10, color:$r("App.color.App_light")})
26.     .scale({x:this.itemScale, y: this.itemScale})
27.     .zIndex(this.itemzIndex)
28.     .onClick(()=> {
29.       //显式动画
30.       animateTo({
31.         tempo: 1,                    //动画播放速度
32.         curve:Curve.Linear,          //动画曲线为线性
33.         iterations: 1,               //播放次数为1
34.         playMode:PlayMode.Normal,//播放完成后从头开始播放
35.         duration: 600,               //播放时长
36.         delay: 0,                    //延时为0
37.       }, ()=> {
38.         //如果this.itemScale是1，则设置为2，否则设置为1，执行放大/缩小动画效果
39.         this.itemScale = this.itemScale == 1 ? 2: 1
40.         //如果this.itemzIndex是1，则设置为2，否则设置为1，修改组件的绘制顺序
41.         this.itemzIndex = this.itemzIndex == 1 ? 2: 1
42.       })
43.     })
44.   }
45. }
```

封装好该组件后，就可以通过循环渲染该组件，实现车间环境监测中采集到的多合一的传感器数据的展示。

8. 获取多合一传感器的遥测数据

封装好上述组件和数据实体类后，就可以编写获取多合一传感器信息的业务逻辑类。在viewmodel目录下新建SensorViewModel类，进行传感器设备信息集的数据初始化、使用HttpUtil工具类提供的方法和与ThingsBoard交互数据的方法，从ThingsBoard获取多合一传感器设备的遥测数据，并将获取到的传感数据存放到集合中，代码如下。

```
1. //多合一传感器实体类
2. import SensorBean from '../common/model/SensorBean'
3. //与ThingsBoard数据交互的类
4. import TBCloud from '../api/TBCloud'
5. //设备ID与设备访问令牌的常量类
6. import Const from '../common/util/Const'
7. //HTTP数据请求能力模块
8. import http from '@ohos.net.http'
9. export default class SensorViewModel {
10.   //多合一传感数据集
11.   private sensorArray:Array<SensorBean>
12.   //初始化多合一传感器设备信息
```

```
13.  public initSensorData() {
14.    this.sensorArray = new Array()
15.    //PM2.5传感器
16.    let pm25Sensor:SensorBean = new SensorBean()
17.    pm25Sensor.icon = $r("App.media.pm25")
18.    pm25Sensor.name = "PM2.5"
19.    pm25Sensor.param = 200
20.    pm25Sensor.state = false
21.    pm25Sensor.suffix = "RM"
22.    pm25Sensor.x = "40%"
23.    pm25Sensor.y = "5%"
24.    //温度传感器
25.    let tempSensor:SensorBean = new SensorBean()
26.    tempSensor.icon = $r("App.media.wendu")
27.    tempSensor.name = "温度"
28.    tempSensor.param = 10
29.    tempSensor.state = false
30.    tempSensor.suffix = "℃"
31.    tempSensor.x = "3%"
32.    tempSensor.y = "20%"
33.    //湿度传感器
34.    let humiditySensor:SensorBean = new SensorBean()
35.    humiditySensor.icon = $r("App.media.shidu")
36.    humiditySensor.name = "湿度"
37.    humiditySensor.param = 35
38.    humiditySensor.state = false
39.    humiditySensor.suffix = "%rh"
40.    humiditySensor.x = "65%"
41.    humiditySensor.y = "60%"
42.
43.    //人体红外传感器
44.    let infraredSensor:SensorBean = new SensorBean()
45.    infraredSensor.icon = $r("App.media.hongwai")
46.    infraredSensor.name = "红外"
47.    infraredSensor.param = 1
48.    infraredSensor.state = false
49.    infraredSensor.suffix = " "
50.    infraredSensor.x = "10%"
51.    infraredSensor.y = "70%"
52.
53.    //大气压力传感器
54.    let pressureSensor:SensorBean = new SensorBean()
55.    pressureSensor.icon = $r("App.media.daqiya")
```

```
56.        pressureSensor.name = "大气压"
57.        pressureSensor.param = 3250
58.        pressureSensor.state = false
59.        pressureSensor.suffix = "Pa"
60.        pressureSensor.x = "60%"
61.        pressureSensor.y = "30%"
62.
63.        //CO2传感器
64.        let co2Sensor:SensorBean = new SensorBean()
65.        co2Sensor.icon = $r("App.media.co2")
66.        co2Sensor.name = "CO2"
67.        co2Sensor.param = 450
68.        co2Sensor.state = false
69.        co2Sensor.suffix = "ppm"
70.        co2Sensor.x = "20%"
71.        co2Sensor.y = "50%"
72.
73.        //将各个传感器对象放入数据集中
74.        this.sensorArray.push(pm25Sensor)
75.        this.sensorArray.push(tempSensor)
76.        this.sensorArray.push(humiditySensor)
77.        this.sensorArray.push(infraredSensor)
78.        this.sensorArray.push(pressureSensor)
79.        this.sensorArray.push(co2Sensor)
80.
81.        return this.sensorArray
82.    }
83.
84.    /**
85.     * 获取传感器设备的遥测信息
86.     * @param sensorArray 存放遥测信息的集合
87.     * @param token      登录成功后返回的ACCESS_TOKEN
88.     */
89.    public async getSensorTelemetry(sensorArray:Array<SensorBean>, token:string) {
90.        //PM2.5传感器遥测
91.        await TBCloud.telemetry(Const.pm25Id, token)
92.            .then((data:http.HttpResponse)=> {
93.                //成功获取到遥测信息
94.                if(data.responseCode == 200) {
95.                    //解析数据
96.                    let result = JSON.parse(data.result.toString())
97.                    //取出对应的传感数据并放入集合中
```

```
98.               sensorArray[0].param = result.value[0].value
99.               //取出对应的设备状态并放入集合中
100.              sensorArray[0].state = SensorViewModel.hasTimeout(result.value[0].ts)
101.            }
102.          })
103.      //温度传感器遥测
104.      await TBCloud.telemetry(Const.temperatureOutId, token)
105.          .then((data:http.HttpResponse)=> {
106.            if(data.responseCode == 200) {
107.              let result = JSON.parse(data.result.toString())
108.              sensorArray[1].param = result.value[0].value
109.              sensorArray[1].state = SensorViewModel.hasTimeout(result.value[0].ts)
110.            }
111.          })
112.      //湿度传感器遥测
113.      await TBCloud.telemetry(Const.humidityOutId, token)
114.          .then((data:http.HttpResponse)=> {
115.            if(data.responseCode == 200) {
116.              let result = JSON.parse(data.result.toString())
117.              sensorArray[2].param = result.value[0].value
118.              sensorArray[2].state = SensorViewModel.hasTimeout(result.value[0].ts)
119.            }
120.          })
121.      //红外人体传感器遥测
122.      await TBCloud.telemetry(Const.bodyId, token)
123.          .then((data:http.HttpResponse)=> {
124.            if(data.responseCode == 200) {
125.              let result = JSON.parse(data.result.toString())
126.              sensorArray[3].param = result.value[0].value
127.              sensorArray[3].state = SensorViewModel.hasTimeout(result.value[0].ts)
128.            }
129.          })
130.      //大气压力传感器遥测
131.      await TBCloud.telemetry(Const.pressureOutId, token)
132.          .then((data:http.HttpResponse)=> {
133.            if(data.responseCode == 200) {
134.              let result = JSON.parse(data.result.toString())
135.              sensorArray[4].param = result.value[0].value
136.              sensorArray[4].state = SensorViewModel.hasTimeout(result.value[0].ts)
137.            }
138.          })
139.      //CO2传感器遥测
140.      await TBCloud.telemetry(Const.co2Id, token)
```

```
141.         .then((data:http.HttpResponse)=> {
142.           if(data.responseCode == 200) {
143.             let result = JSON.parse(data.result.toString())
144.             sensorArray[5].param = result.value[0].value
145.             sensorArray[5].state = SensorViewModel.hasTimeout(result.value[0].ts)
146.           }
147.         })
148.     /*console.log("--------------------------------------------")
149.     console.log(JSON.stringify(sensorArray))*/
150.   }
151.
152.   //判断是否超时，如果超时则返回true，否则返回false
153.   public static hasTimeout(ts:number) {
154.     let date:Date = new Date()
155.     //真实设备是5s发1次数据，这里60s收1次数据，如果60s内没接收到数据，则认为是设备离线状态
156.     return date.getTime() - ts > 60*1000
157.   }
158. }
```

有了业务数据，接下来就可以将数据在UI上进行展示。

9. 展示多合一传感器的数据

在view目录下新建Sensor组件，按环境监测内容视图页的结构，组合上述封装好的组件和数据，展示从ThingsBoard获取的多合一传感器的数据，实现车间环境的监测，代码如下。

```
1. //一级标题组件
2. import TitleComponent from '../common/component/TitleComponent'
3. //二级标题组件
4. import SecondTitleComponent from '../common/component/SecondTitleComponent'
5. //滚动显示告警提示信息的组件
6. import MyMarquee from '../view/MyMarquee'
7. //多合一传感器实体类
8. import SensorBean from '../common/model/SensorBean'
9. //显示单个传感器信息的组件
10. import SensorItem from '../view/SensorItem'
11.
12. @Component
13. export default struct Sensor {
14.
15.   @Link sensors:Array<SensorBean>//多合一传感数据集
16.   @Link tips:string          //告警提示
17.
18.   build() {
```

```
19.       Stack() {
20.         Column({space: 10}) {
21.           //一级标题栏
22.           TitleComponent({title: "车间监测"})
23.           //滚动的告警提示
24.           MyMarquee({tips: $tips})
25.
26.           Column() {
27.             //二级标题
28.             SecondTitleComponent({title: "车间环境监测"})
29.             //显示多合一传感数据
30.             Stack({alignContent:Alignment.TopStart}) {
31.               //循环渲染传感数据
32.               ForEach(this.sensors, (item:SensorBean) => {
33.                 SensorItem({item: item})
34.               })
35.             }.width("100%").height("100%")
36.             .backgroundImage($r("App.media.device_bg"))
37.             .backgroundImageSize({ width: "100%", height: "100%" })
38.           }.width("95%")
39.           .layoutWeight(1)
40.           .borderRadius(15)
41.           .clip(true)
42.           .border({width:1, color: $r("App.color.App_light")})
43.       }.width("100%")
44.       .height("100%")
45.       .justifyContent(FlexAlign.Start)
46.       .alignItems(HorizontalAlign.Center)
47.       .backgroundColor("#F1F2F3")
48.     }.width("100%").height("100%")
49.   }
50. }
```

实现了车间环境数据展示后，即可将它整合到主页的环境“车间监测”页签对应的内容子视图中。

10. 实现环境监测数据可视化

在Index.ets主页面导入相关的组件、模块和类，在组件的生命周期函数aboutToAppear()中接收登录成功后传递过来的ACCESS_TOKEN，并传递到获取遥测数据的方法中，每隔10s从ThingsBoard获取多合一传感器的数据，并在“车间监测”页签对应的内容子视图里，使用Sensor()组件替换原来的Text组件，实现车间环境监测数据的展示。

Index.ets主页中修改的关键代码如下。

```
1. //多合一传感器组件
2. import Sensor from '../view/Sensor'
3. //页面路由模块
4. import router from '@ohos.router';
5. //传感器实体类
6. import SensorBean from '../common/model/SensorBean'
7. //获取多合一传感数据的业务逻辑类
8. import SensorViewModel from '../viewmodel/SensorViewModel'
9. @Entry
10.  @Component
11.  struct Index {
12.    …
13.
14.    //登录的token信息
15.    private token:string = " "
16.
17.    //车间环境监测页数据信息
18.    @State sensors:Array<SensorBean> = new Array()
19.    @State tips:string = "暂无消息..."
20.
21.    //后续添加是否布防、物品监测页数据信息、设备告警页数据信息等相关内容
22.
23.    aboutToAppear() {
24.      //获取登录成功后由登录页面跳转到主页时传递过来的ACCESS_TOKEN
25.      this.token = router.getParams()["token"]
26.
27.      //初始化获取多合一传感器信息的业务逻辑类对象
28.      let sensorViewModel: SensorViewModel = new SensorViewModel()
29.      this.sensors = sensorViewModel.initSensorData()
30.      //每隔10s从ThingsBoard获取数据
31.      setInterval(async ()=> {
32.        //多合一传感器的遥测数据获取
33.        await sensorViewModel.getSensorTelemetry(this.sensors, this.token)
34.        //后续添加执行器遥测数据获取、物品监测遥测数据获取、告警信息判断等相关内容
35.      }, 10000)
36.
37.    }
38.    //…构建自定义的tabBar，略
39.
40.    build() {
41.      Column() {
42.        Tabs({barPosition: BarPosition.End,
43.          index: 0 }) {
44.          //内容视图1：车间环境监测
45.          TabContent() {
46.          // Text("车间环境监测数据展示页").fontSize(30).padding(100)
```

```
47.             Sensor({sensors: $sensors, tips: $tips})
48.           }.tabBar(this.bottomButton("车间监测", $r("App.media.chejian"), 0))
49.           …
50.     }
51. }
```

11. 验证

接下来以多合一传感器中的温度数据为例，验证车间环境数据的采集和显示，先通过MQTTBox发送模拟的40℃的温度值到ThingsBoard上，再使用模拟器运行应用，验证数据是否能正确展示。

通过MQTTBox发送模拟的40℃的温度值到ThingsBoard上，请遵循以下操作步骤。

第一步，登录ThingsBoard，获取温度传感器的访问令牌，如图7-7所示。

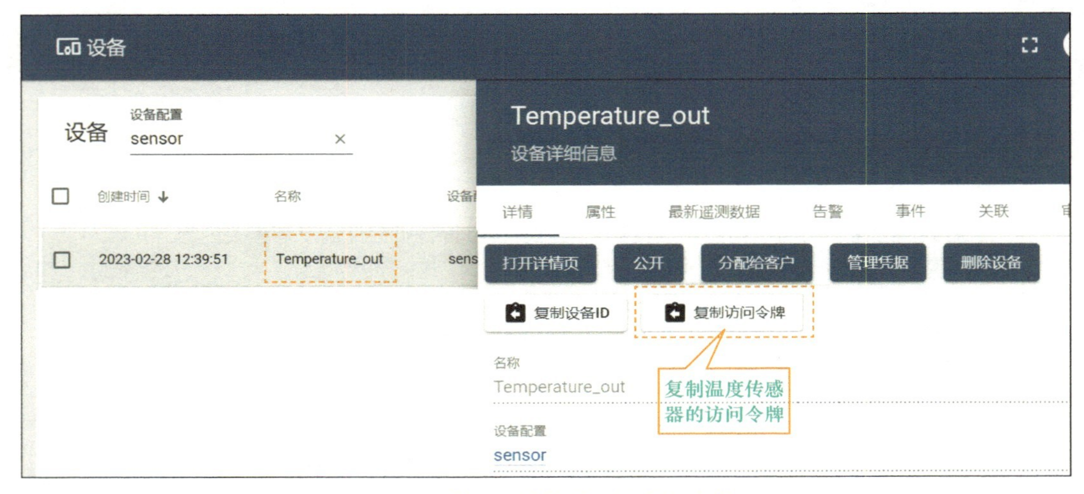

图7-7　获取温度传感器的访问令牌

第二步，配置MQTTBox，填写温度传感器设备的访问令牌，如图7-8所示。

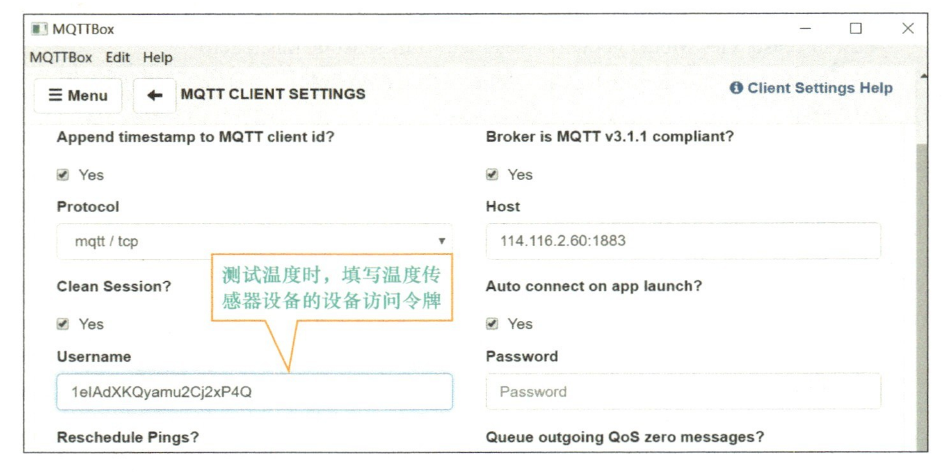

图7-8　配置MQTTBox

第三步，参考表3-2中的遥测数据格式，发送40℃的温度值，如图7-9所示。

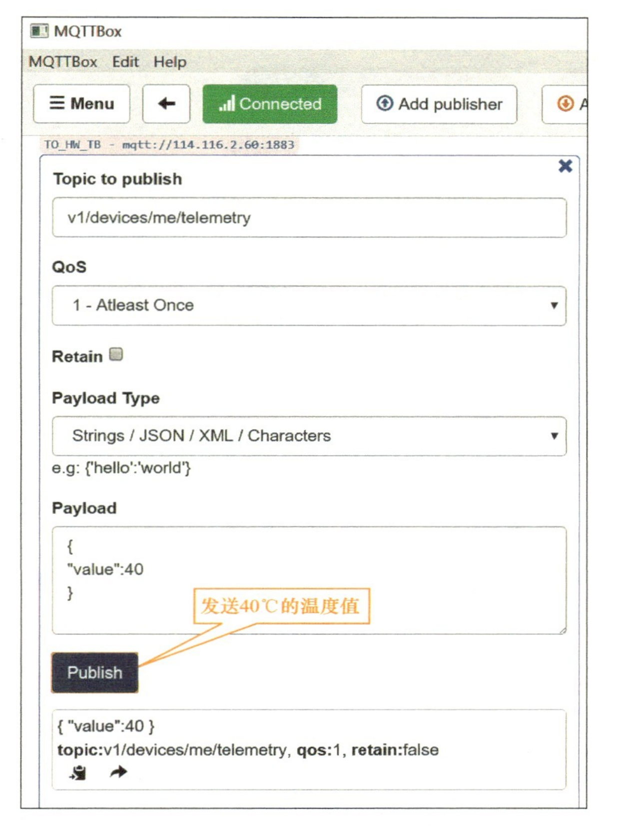

图7-9 发送温度的遥测数据

第四步，在ThingsBoard云平台上查看上报的温度的遥测数据，如图7-10所示。

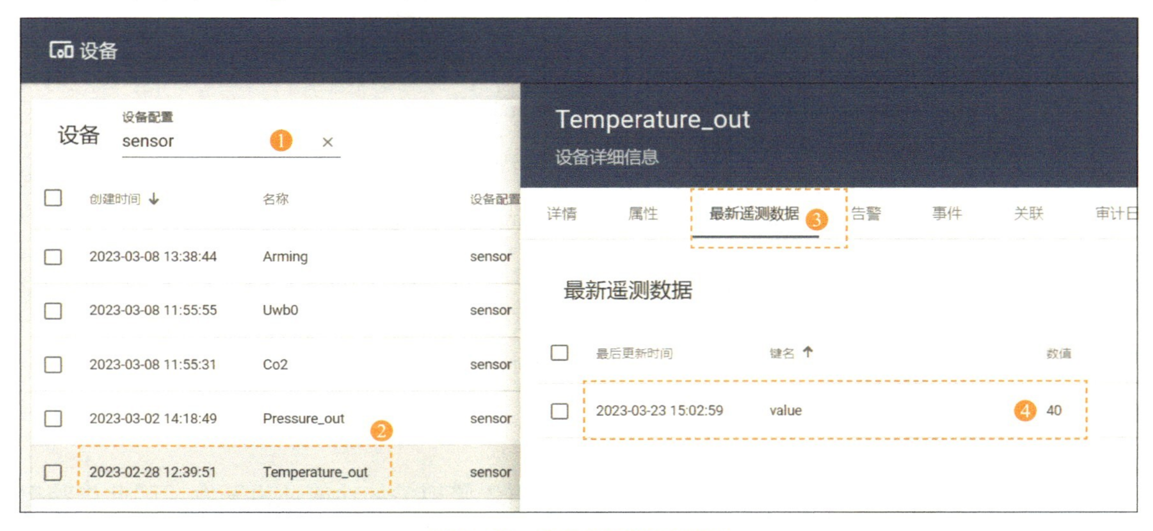

图7-10 查看温度遥测数据

温度数据上报到ThingsBoard后，使用模拟器运行应用，先执行引导页→登录→跳转到主页操作，查看“车间监测”页签中的温度传感器是否是40℃，单击温度显示的组件，可以放大，再次单击，可以缩小，效果如图7-11所示。

图7-11　车间环境监测效果

使用同样的测试方式，读者可以进行其他传感器数据的模拟上传，再验证数据的展示。

在这里，也可以验证传感器设备的在线与离线状态。在用MQTTBox发送遥测数据后，在60s内，设备相当于处于在线状态，设备图片是高亮的蓝色；60s后，如果没有再次上报遥测数据，那么设备变成离线状态，设备图片是灰色。如果设备在线与离线时，传感数据的文字和设备的名字也要同步为高亮或灰色，那么用户可以修改SensorItem.ets中的部分代码，代码如下。

```
1. Column() {
2.     Image(this.item.icon).width(25).height(25)
3.         .fillColor(this.item.state? $r("App.color.App_nomral"):$r("App.color.App_data"))
4.     Text(this.item.name).fontSize(18)
5.         //.fontColor($r("App.color.App_data"))
6.         .fontColor(this.item.state? $r("App.color.App_nomral"):$r("App.color.App_data"))
7.         .margin({top: 5})
8.     Text(this.item.param + this.item.suffix).fontSize(18)
9.         //.fontColor($r("App.color.App_data"))
10.         .fontColor(this.item.state? $r("App.color.App_nomral"):$r("App.color.App_data"))
11.         .margin({top: 5})
12. }.width(90).height(90)
```

对于车间环境监测中的告警提示部分，由于与告警相关的功能还没开发，因此告警提示的内容需要等后续完成告警功能后才能实现，请读者知悉。

至此，就完成了车间环境监测数据的可视化开发。

任务小结

本任务从主页的开发开始，逐步分析和分解车间环境监测数据页面的结构，拆解出一级标题、告警提示、二级标题、传感器数据展示组件等，并封装了对应的实体类和业务类，实现从物联网云平台获取传感数据并展示到页面上。

通过本任务，读者学会了App与物联网云平台进行数据交互的开发技能。请读者好好理解本任务的设计与实施的过程，以方便后续任务的顺利实施。

实现物品监测可视化

任务描述

本任务完成使用UWB定位模块监测物品的保管范围，将UWB定位标签绑定在物品上，在物品监测页面显示物品的当前位置，实现物品监测可视化。

学习目标

知识目标

- 了解UWB高精度定位模块的组成；
- 了解UWB定位模块中的坐标点。

能力目标

- 能使用ArkTS组件编写物品监测页面；
- 能通过MQTTBox模拟UWB定位设备向ThingsBoard发送遥测数据；
- App能从ThingsBoard获取UWB定位的遥测数据；
- 能实现物品监测数据可视化。

素质目标

- 需要具备解决问题的能力，能够运用信息技术解决工作中的问题或创新应用；
- 需要具备团队合作能力，能够与同事合作完成项目或任务，实现信息的共享和协同工作。

任务实施

在“智慧工厂”的仓库里，安装了UWB高精度定位模块，将物品放置在划定的安全区域内，用UWB技术实现对目标物体的精确定位，实现对物品的安全监控。

在本任务里，先通过MQTTBox模拟UWB定位设备向ThingsBoard发送遥测数据，并实现App从ThingsBoard获取UWB定位的遥测数据，展示在物品监测页面。

1. 分析UWB定位模块中的坐标

UWB高精度定位模块是一种基于UWB技术实现的定位设备，可以实现室内或者室外的高精度定位。一般来说，UWB定位模块由多个UWB节点组成，每个节点都配备UWB

射频模块、天线和处理器等部件。在空间中部署多个节点，可以实现对目标物体的精确定位。在UWB定位模块中，节点之间需要进行同步和协调，以确保定位的准确性。一般采用时间同步协议和距离测量算法来实现节点之间的同步和定位计算。对多个节点之间的距离和位置信息进行计算，可以得到目标物体的精确定位结果。UWB高精度定位模块具有定位精度高、可靠性强、抗干扰能力好等优点，广泛应用于智能制造、物流管理、室内导航等领域。

在“智慧工厂”App的物品监测功能中，通过部署的UWB定位模块中的4个UWB节点之间的宽和高的距离，可以得知物品的安全监测范围，如图8-1所示。

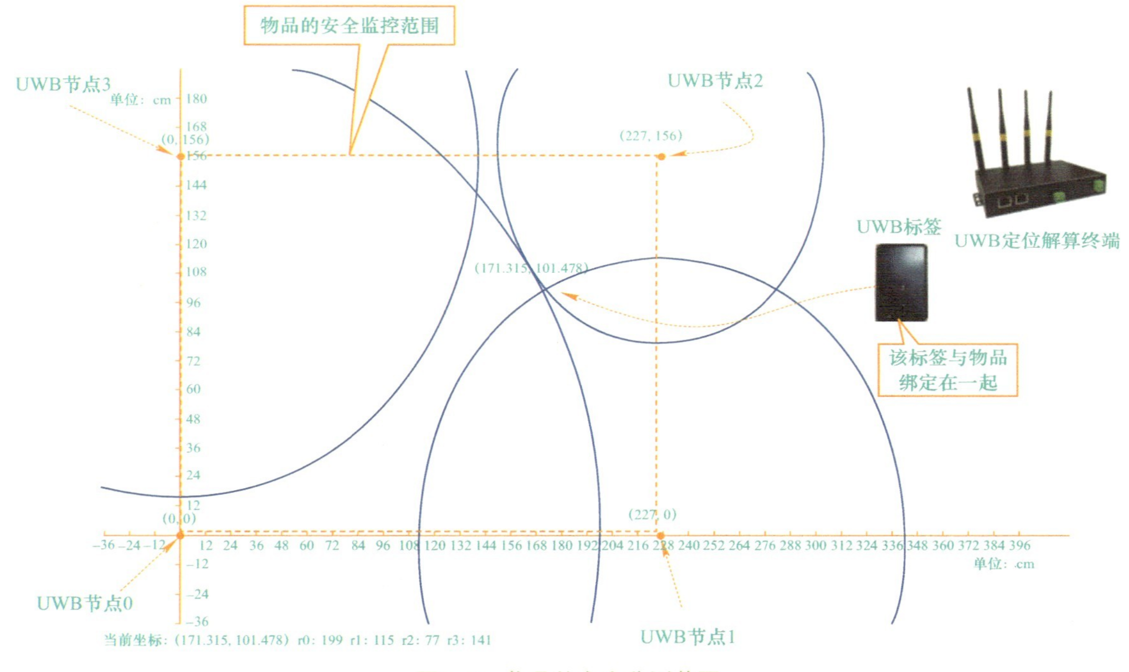

图8-1　物品的安全监测范围

同时，4个UWB节点通过UWB定位技术，获取到它们距离被监管物品的4个直线距离（r0,r1,r2,r3），经过UWB定位模块的解算后，计算出被监管物品的*x*轴和*y*轴的坐标值。*x*轴和*y*轴的坐标分别显示为bestx和besty，如图8-2所示。

经过UWB定位模块的解算后，与定位有关的数据有6个，分别是bestx、besty、r0、r1、r2和r3，这6个数据组成了物品的当前坐标数据；同时，定位解算是否成功的状态值也用status进行记录；解算后，会把这些数据上报到ThingsBoard物联网云平台，上报数据的格式如下。

```
{"value":"{ \"bestx\":171.315, \"besty\":101.478, \"r0\":199, \"r1\":115, \"r2\":77, \"r3\":141, \"status\":0 }"}
```

其中，bestx、besty、r0、r1、r2和r3的值可以按实际情况进行修改，status用来描述坐标解算状态，其中0代表成功，其他值都代表失败。

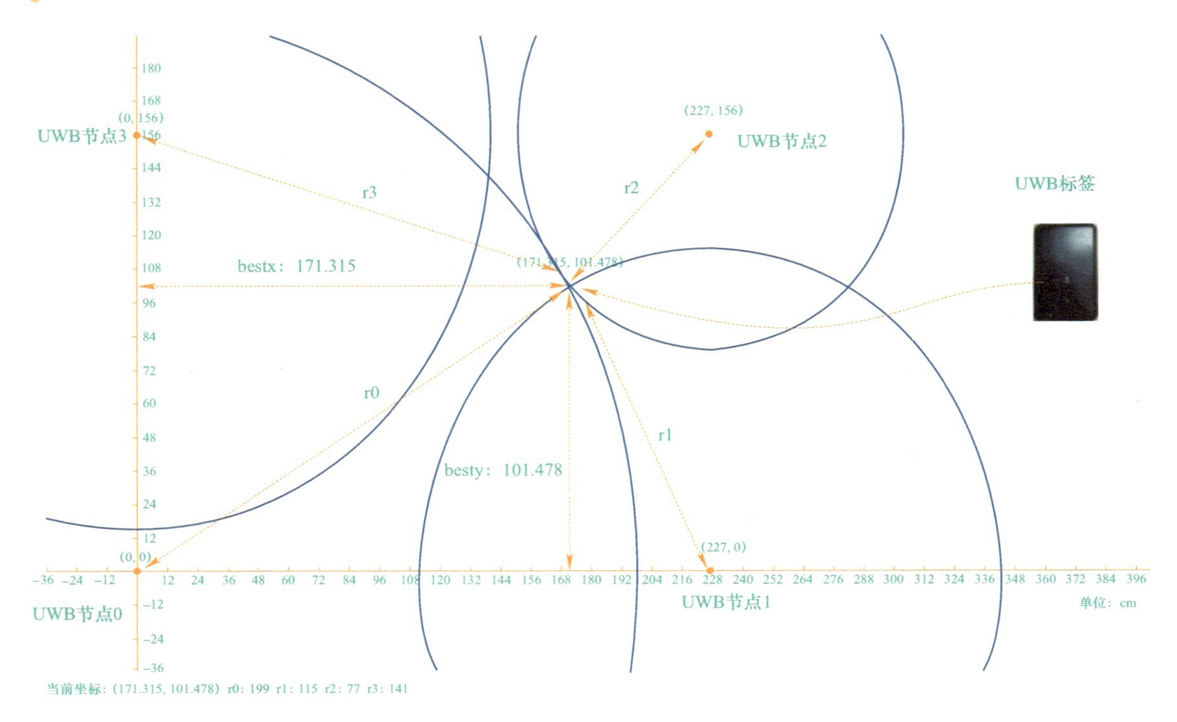

图8-2　被监管物品的x轴和y轴的坐标值

2. 发送模拟的UWB遥测数据

这里，先使用MQTTBox软件模拟UWB定位设备，向ThingsBoard发送模拟的UWB遥测数据。

向ThingsBoard发送模拟的UWB定位遥测数据，可遵循以下实施步骤。

第一步，获取UWB定位设备的访问令牌。在ThingsBoard上找到名称为“Uwb0”的UWB定位设备，复制定位设备的访问令牌，如图8-3所示。

图8-3　复制定位设备的访问令牌

第二步，配置MQTTBox访问UWB设备。参考任务3的配置，设置MQTTBox，确保能成功连接上ThingsBoard。打开MQTTBox的配置页面，将上一步复制好的UWB设备的访问令牌填写到Username处，并单击“Save”按钮进行配置信息的保存，如图8-4所示。

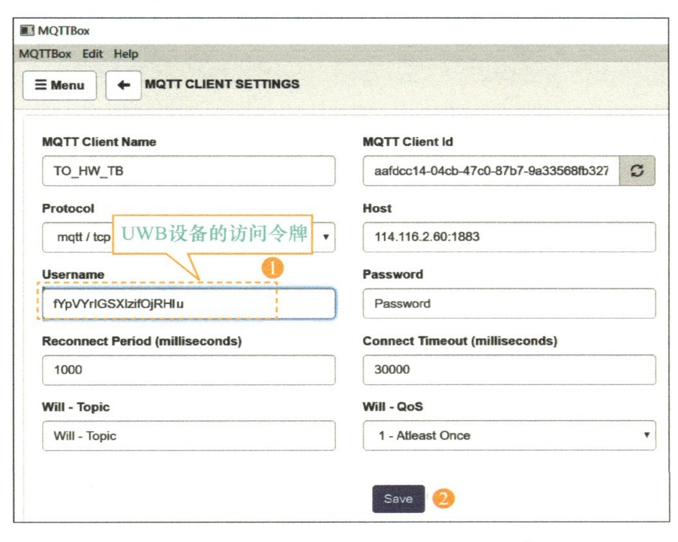

图8-4　配置MQTTBox访问UWB设备

第三步，发送UWB定位的遥测数据。当MQTTBox成功连接到ThingsBoard后，按前面分析的数据格式发送遥测数据，如图8-5所示。

图8-5　发送UWB定位的遥测数据

第四步，查看收到的最新遥测数据。在物联网云平台上，查看名为“Uwb0”的UWB设备的最新遥测数据，如图8-6所示。

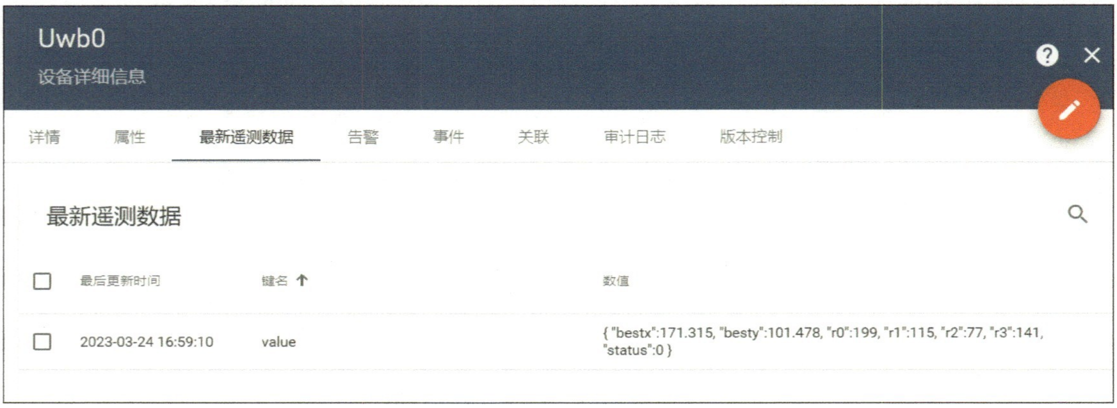

图8-6　查看定位设备的最新遥测数据

至此，就实现了UWB定位数据的准备。接下来，将实现如何在App上获取并展示这些数据。

3. 封装UWB设备的数据实体类

在App上，需要获取被监管物品的x轴和y轴坐标点以及设备的状态。为了方便操作，需要将从ThingsBoard上获取到的UWB定位的数据封装成对象，因此需要封装UWB设备的数据实体类。

在model目录下新建UWBSensorBean.ets文件，在该文件中新建UWBSensorBean类，代码如下。

```
1. export default class UWBSensorBean {
2.     //设备名称
3.     public name:string
4.     //设备参数
5.     public posX:number
6.     public posY:number
7.     //设备状态
8.     public state:boolean
9. }
```

4. 获取UWB设备的遥测数据

封装好UWB的数据实体类后，接下来就可以编写获取UWB设备信息的业务逻辑类。在viewmodel目录下新建UWBSensorViewModel类，进行UWB设备信息的数据初始化，使用HttpUtil工具类提供的方法和与ThingsBoard交互数据的方法，从ThingsBoard获取UWB设备的遥测数据，并将获取到的数据存放到集合中，代码如下。

```
1. //UWB设备数据实体类
2. import UWBSensorBean from '../common/model/UWBSensorBean'
3. //与ThingsBoard数据交互的类
4. import TBCloud from '../api/TBCloud'
5. //设备ID与设备访问令牌的常量类
6. import Const from '../common/util/Const'
7. //HTTP数据请求能力模块
8. import http from '@ohos.net.http';
9. export default class UWBSensorViewModel {
10.    //初始化UWB设备信息
11.    public initSensorData() {
12.      let uwbSensorBean:UWBSensorBean = new UWBSensorBean()
13.      uwbSensorBean.name = "UWB传感器设备"
14.      uwbSensorBean.posX = 0
15.      uwbSensorBean.posY = 0
16.      uwbSensorBean.state = false
17.      return uwbSensorBean
18.    }
19.
20.    //获取设备的遥测信息
21.    public async getTelemetry(uwbSensorBean:UWBSensorBean,
22.                              token:string) {
23.      //获取UWB设备的遥测数据
24.      await TBCloud.telemetry(Const.uwb0Id, token)
25.        .then((data:http.HttpResponse)=> {
26.          if(data.responseCode == 200) {
27.            let result = JSON.parse(data.result.toString())
28.            let result2 = JSON.parse(result.value[0].value)
29.            uwbSensorBean.posX = result2.bestx
30.            uwbSensorBean.posY = result2.besty
31.            uwbSensorBean.state = result2.status == 0
32.          }
33.        })
34.    }
35. }
```

5. 封装执行器实体类

当被监管的物品超出设定的安全范围时，需要使用执行器开启相关的告警提示。关于使用执行器进行设备控制的具体实现这里先不展开，仅先定义相关的执行器实体类，用于在物品超出监测范围时先进行提示。

在model目录下创建ActuatorBean实体类，代码如下。

```
1. //设备类型对应的枚举类
2. import { TypeEnum } from '../util/TypeEnum';
3. @Observed
4. export default class ActuatorBean {
5.     //设备名称
6.     public name:string
7.     //设备图标
8.     public icon:Resource
9.     //设备状态
10.    public state:boolean
11.    //设备类型（通过类型进行判断）
12.    public type:TypeEnum
13. }
```

6. 展示UWB的数据

在页面上展示UWB的数据前，需要了解如何确定页面上的安全监测范围的宽度与高度。由于UWB设备在定位坐标系上仅显示为坐标点，为了形象地描述物品的监控，将被监管的物品模拟变大，因此有了物品的宽度与高度。当在UI页面上绘制实际显示的安全范围时，安全范围的宽度与高度要加上模拟物品的宽度与高度，如图8-7所示。

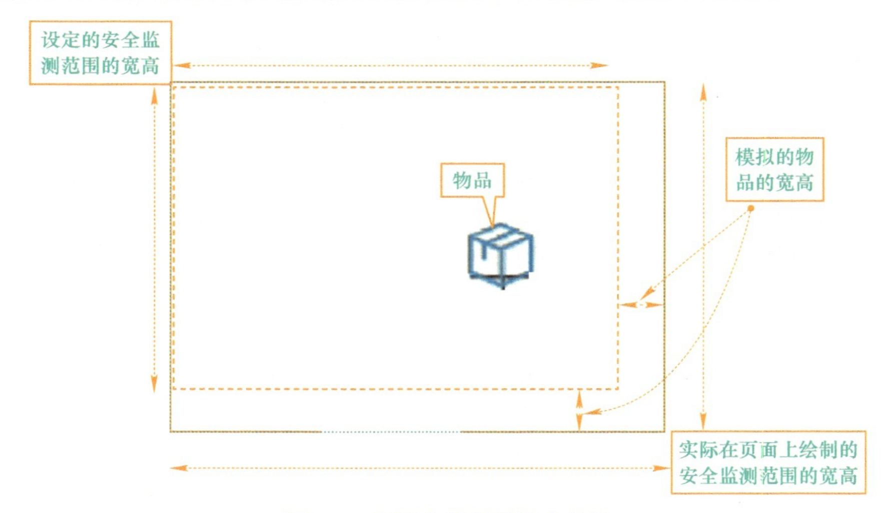

图8-7　页面上绘制的安全范围

经过上述分析，在编写代码时，需要处理的宽高参数有模拟被监管物品的宽（boxWidth）高（boxHeight）、设定的物品安全监测范围的宽（setWidth）高（setHeight）、在页面上真实绘制的物品监测范围的宽（showWidth）高（showHeight）。

在view目录下新建UWBSensor组件，用于展示UWB的数据。在UWBSensor组件中显示物品的监测情况，并在一级标题中提供打开设置对话框的图片按钮，用来设置新的安全监测范围。当打开对话框时，将原来设定的物品安全监测范围的宽（setWidth）高

（setHeight）传递到对话框的输入框中，页面效果如图8-8所示。

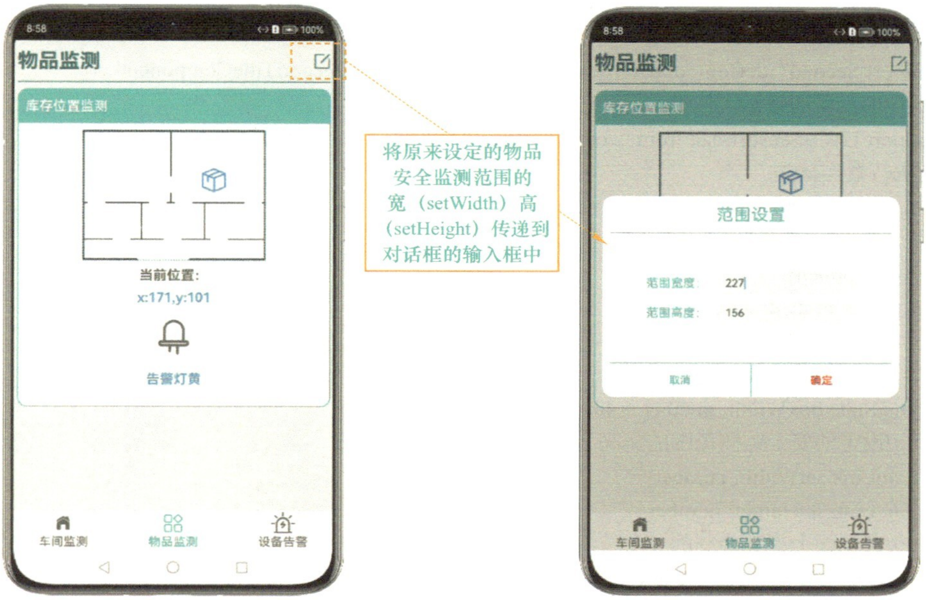

图8-8 物品监测的页面效果

当在对话框中设定了新的安全监测范围后，页面按新设定的宽高值重新绘制安全监测范围，如图8-9所示。

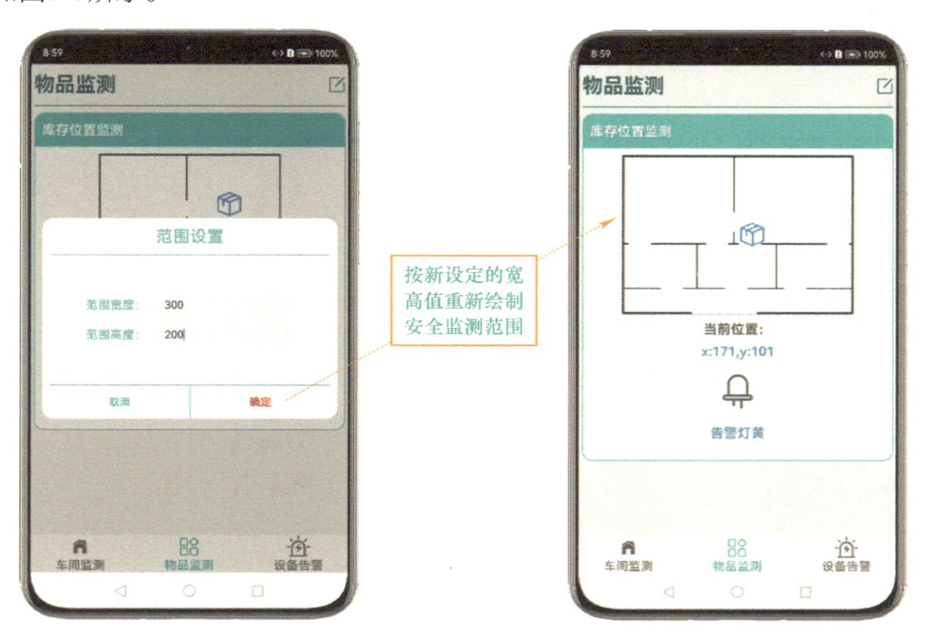

图8-9 重新绘制安全监测范围

在UWBSensor组件中，编写代码实现图8-8和图8-9要求的效果，代码如下。

```
1. //一级标题组件
2. import TitleComponent from '../common/component/TitleComponent'
3. //二级标题组件
4. import SecondTitleComponent from '../common/component/SecondTitleComponent'
5. //UWB设备的数据实体类
6. import UWBSensorBean from '../common/model/UWBSensorBean'
7. //执行器实体类
8. import ActuatorBean from '../common/model/ActuatorBean'
9.
10. @Component
11. export default struct UWBSensor {
12.
13.    //模拟被监管物品的宽高
14.    @State boxWidth: number = 40
15.    //设定的安全监测范围的宽高
16.    @Link setWidth: number
17.    @Link setHeight: number
18.    //在页面上真实绘制的安全监测范围的宽高
19.    @State showWidth: number = this.setWidth + this.boxWidth
20.    @State showHeight: number = this.setHeight + this.boxWidth
21.    //UWB设备数据对象
22.    @Link uwbSensorBean: UWBSensorBean
23.    //执行器：告警灯-黄
24.    @Link yellowActuator: ActuatorBean
25.    /**
26.     *
27.     */
28.    private controller: CustomDialogController = new CustomDialogController({
29.      builder: UWBSensorDialog({
30.         setWidth: $setWidth,        //设定的宽度
31.         setHeight: $setHeight,      //设定的高度
32.         showWidth: $showWidth, //真实绘制的宽度
33.         showHeight: $showHeight,//真实绘制的高度
34.         boxWidth: this.boxWidth    //模拟的物品的宽高
35.      }),
36.      alignment: DialogAlignment.Center,
37.      autoCancel: true
38.    })
39.
40.    build() {
41.      Column({ space: 10 }) {
42.         //一级标题
43.         TitleComponent({ title: "物品监测”，
44.           imageResource: $r("App.media.bianji"),
45.           func: () => {
46.              this.controller.open()//打开对话框
```

```
47.           } })
48.         Column() {
49.           //二级标题
50.           SecondTitleComponent({ title: "库存位置监测" })
51.           //UWB设备定位信息展示
52.           Flex({ direction: FlexDirection.Row,
53.             wrap: FlexWrap.Wrap,
54.             justifyContent: FlexAlign.SpaceEvenly,
55.             alignItems: ItemAlign.Center }) {
56.             Stack({ alignContent: Alignment.BottomStart }) {
57.               Image($r("App.media.goods"))
58.                 .width(this.boxWidth)
59.               .height(this.boxWidth)
60.               //显示UWB标签，也就是被监管物品的位置
61.                 .position({ x: this.uwbSensorBean.posX,
62.                     //这里由于展示页面的(0,0)坐标在左上角，所以需要做出相应的调整，来展示具体
                          坐标轴的位置
63.                   y: this.uwbSensorBean.posY * -1 + this.setHeight })
64.             }
65.             .width(this.showWidth)
66.             .height(this.showHeight)
67.             .backgroundImage($r("App.media.goods_bg"))
68.             .backgroundImageSize({ width: "100%", height: "100%" })
69.             .border({ width: 2, color: $r("App.color.App_data"), style: BorderStyle.Dotted })
70.
71.             Text("当前位置：")
72.               .fontSize(20)
73.               .fontColor($r("App.color.App_nomral"))
74.               .margin({ top: 10 })
75.               .fontWeight(FontWeight.Bold)
76.               .width("100%")
77.               .textAlign(TextAlign.Center)
78.             Text("x:" + Math.floor(this.uwbSensorBean.posX)
79.             + ",y:" + Math.floor(this.uwbSensorBean.posY))
80.               .width("100%")
81.               .textAlign(TextAlign.Center)
82.               .fontSize(20)
83.               .fontColor($r("App.color.App_data"))
84.               .margin({ top: 10 })
85.               .fontWeight(FontWeight.Bold)
86.             Column() {
87.               Image(this.yellowActuator.icon).width(60).height(60)
88.                 .fillColor(
89.                   this.yellowActuator.state ? Color.Yellow : $r("App.color.App_nomral"))
90.   Text(this.yellowActuator.name).fontSize(20).fontColor($r("App.color.App_data")).margin({ top: 20 })
91.                 .fontWeight(FontWeight.Bold)
92.             }
```

```
93.             .width("70%")
94.             .height(120)
95.             .margin(10)
96.             .justifyContent(FlexAlign.Center)
97.             .alignItems(HorizontalAlign.Center)
98. 
99.           }.width("100%").padding(10)
100.        }.width("95%")
101.        .backgroundColor(Color.White)
102.        .borderRadius(15)
103.        .border({ width: 1, color: $r("App.color.App_light") })
104.      }
105.      .alignItems(HorizontalAlign.Center)
106.      .width("100%")
107.      .height("100%")
108.      .justifyContent(FlexAlign.Start)
109.      .backgroundColor("#F1F2F3")
110.    }
111. }
112. 
113. @CustomDialog
114. struct UWBSensorDialog {
115.   //模拟被监管物品的宽高
116.   @Prop boxWidth: number
117.   //设定的安全监测范围的宽高
118.   @Link setWidth: number
119.   @Link setHeight: number
120.   //在页面上真实绘制的安全监测范围的宽高
121.   @Link showWidth: number
122.   @Link showHeight: number
123.   //对话框控制器
124.   private controller: CustomDialogController
125.   //在对话框中设置的安全监测范围的宽度
126.   private inputWidth: number = this.setWidth
127.   //在对话框中设置的安全监测范围的高度
128.   private inputHeight: number = this.setHeight
129. 
130.   build() {
131.     Column() {
132.       Row() {
133.         Text("范围设置").fontColor($r("App.color.App_light")).fontSize(25)
134.           .width("100%").textAlign(TextAlign.Center)
135.       }.width("100%").height(55).justifyContent(FlexAlign.Center)
136. 
137.       Line({ width: "95%", height: 1 }).backgroundColor($r("App.color.App_light"))
138.       //物品安全监测范围的宽高输入框
139.       Column({ space: 10 }) {
```

```
140.            Row({ space: 10 }) {
141.              Text("范围宽度：").fontColor($r("App.color.App_light")).fontSize(18)
142.              TextInput({ placeholder: "请输入宽度",
143.                text: this.setWidth.toString() })
144.                .width("50%")
145.                .type(InputType.Number)
146.                .onChange((val) => {
147.                  //获取输入的宽度值
148.                  this.inputWidth = parseInt(val, 0)
149.                })
150.            }
151.
152.            Row({ space: 10 }) {
153.              Text("范围高度：").fontColor($r("App.color.App_light")).fontSize(18)
154.              TextInput({ placeholder: "请输入高度",
155.                text: this.setHeight.toString() })
156.                .width("50%")
157.                .type(InputType.Number)
158.                .onChange((val) => {
159.                //获取输入的高度值
160.                this.inputHeight = parseInt(val, 0)
161.                })
162.            }
163.          }.width("95%").layoutWeight(1).justifyContent(FlexAlign.Center)
164.
165.          Line({ width: "95%", height: 1 }).backgroundColor($r("App.color.App_light"))
166.          Row() {
167.            Button("取消").backgroundColor(Color.White)
168.              .fontColor($r("App.color.App_light"))
169.              .width("50%")
170.              .onClick(() => this.controller.close())//关闭对话框
171.            Line({ width: 1, height: "95%" }).backgroundColor($r("App.color.App_light"))
172.            Button("确定").backgroundColor(Color.White).fontColor(Color.Red)
173.              .width("50%")
174.              .onClick(() => {
175.                //用输入的宽高值，设定物品安全监测范围的宽高
176.                this.setWidth = this.inputWidth
177.                this.setHeight = this.inputHeight
178.                //设定在UI界面上真实绘制的安全监测范围的宽高
179.                this.showWidth = this.setWidth + this.boxWidth
180.                this.showHeight = this.setHeight + this.boxWidth
181.                this.controller.close()//关闭对话框
182.              })
183.          }.width("95%").height(50)
184.        }.width("100%").height(300)
185.    }
186. }
```

7. 实现物品监测可视化

在Index.ets主页面，导入与UWB设备相关的组件和类、添加物品监测页数据信息、在组件的生命周期函数aboutToAppear()中添加从ThingsBoard获取UWB数据的代码，并在“物品监测”页签对应的内容子视图里，使用UWBSensor()组件替换原来的Text组件，实现物品监测数据的展示。

Index.ets主页中，修改的关键代码如下。

```
1. //UWB设备的数据实体类
2. import UWBSensorBean from '../common/model/UWBSensorBean'
3. //执行器实体类
4. import ActuatorBean from '../common/model/ActuatorBean'
5. //获取UWB设备信息的业务逻辑类
6. import UWBSensorViewModel from '../viewmodel/UWBSensorViewModel'
7. //展示UWB数据的UWBSensor组件
8. import UWBSensor from '../view/UWBSensor'
9. …//其他导入略
10.
11.  @Entry
12.  @Component
13.  struct Index {
14.   …
15.    //添加：物品监测页数据信息
16.    @State uwbSensorBean: UWBSensorBean = new UWBSensorBean()
17.    @State yellowActuator: ActuatorBean = new ActuatorBean()
18.    @State setWidth: number = 227 //设定的安全监测范围的宽度
19.    @State setHeight: number = 156 //设定的安全监测范围的高度
20.
21.    aboutToAppear() {
22.     …
23.
24.      //添加：物品监测对象初始化
25.      let uwbSensorViewModel: UWBSensorViewModel = new UWBSensorViewModel()
26.      //执行器（黄色告警灯）信息初始化
27.      let yellowActuator: ActuatorBean = new ActuatorBean()
28.      yellowActuator.icon = $r("App.media.zhishideng")
29.      yellowActuator.name = "黄色告警灯"
30.      yellowActuator.type = 3 //TypeEnum.YELLOW
31.      yellowActuator.state = false
32.      this.yellowActuator = yellowActuator
33.      //初始化UWB设备信息
34.      this.uwbSensorBean = uwbSensorViewModel.initSensorData()
35.
36.
37.      //每隔10s从ThingsBoard获取数据
38.      setInterval(async () => {
39.       …
40.        //添加：获取UWB的遥测数据
```

```
41.         await uwbSensorViewModel.getTelemetry(this.uwbSensorBean, this.token)
42.       }, 10000)
43.
44.   }
45.   …
46.           //内容视图2：物品监测
47.           TabContent() {
48.             //Text("物品安全监测数据展示页").fontSize(30).padding(100)
49.             UWBSensor({ uwbSensorBean: $uwbSensorBean, yellowActuator: $yellowActuator,
50.                 setWidth: $setWidth, setHeight: $setHeight })
51.           }…
52.   …
53. }
```

8. 验证

使用模拟器运行应用，在物品监测内容页观察物品的显示信息，单击一级标题中的对话框，设置新的安全监测范围后，观察页面的安全监测范围是否有变化。

使用MQTTBox向ThingsBoard发送新的模拟的UWB的坐标数据，观察物品的移动是否超出安全监测范围。

在本任务中，当物品超出安全的监测范围时，并没有处理报警灯的变化，因为要处理报警灯的变化，还需要进行设备的规则链的设计，这部分内容将在后续使用到真实设备时进行实现。

任务小结

本任务先分析了UWB高精度定位模块的组成，再分析UWB的坐标系，针对设定的安全范围与实际在页面上显示的安全范围进行了分析，让读者理解如何将现实中的物体转换为程序中的表示形式，最后按页面的要求进行开发，并从物联网云平台获取了UWB的最新遥测数据，显示到了页面上。

任务9 设计控制设备的规则链

任务描述

本任务完成在ThingsBoard上进行规则链设计，按照预设的规则实现设备的自动控制。

学习目标

知识目标

- 理解设置设备的关联关系；
- 了解规则引擎的组成；
- 掌握规则链的设计方法。

能力目标

- 能设置设备的关联关系；
- 能了解规则引擎的组成；
- 能设计控制风扇的规则链；
- 能设计控制LED灯的规则链；
- 能设计控制绿色告警灯的规则链；
- 能设计控制黄色告警灯的规则链；
- 能设计控制红色告警灯的规则链；
- 能使用MQTTBox进行规则链的测试。

素质目标

- 需要具备信息素养，即能够判断何时需要信息，以及如何获取、评价和使用信息；
- 需要具备解决问题的能力，能够运用信息技术解决工作中的问题或创新应用；
- 培养团队协作能力：相互沟通、互相帮助、共同学习、共同达到目标。

任务实施

本任务按照设备自动控制的要求，先在ThingsBoard上添加设备的关联关系，再针对自动控制的要求编写规则链，最后通过MQTTBox发送遥测数据验证规则链的正确性。

"智慧工厂"App项目的设备控制规则，要求如下：

1）当温度>30℃时，风扇转动，进行恒温控制，当温度≤30℃时风扇停止转动；

2）当温度<26℃时，绿灯亮，表示正常状态；

3）当温度范围为26～30℃（含边界值）时，黄灯亮，表示处于告警临界状态；

4）在撤防状态，人体红外传感器监测到有人，则LED小灯泡亮灯，人离开，则LED小灯泡灭灯；

5）在布防状态，人体红外传感器监测到有人，则红灯亮，表示有人入侵并进行告警；

6）当PM2.5的值≥75RM时，红灯亮，表示告警状态；

7）当CO_2的值≥2000ppm时，红灯亮，表示告警状态；

8）当湿度的值高于≥80%rh时，红灯亮，表示告警状态；

9）当UWB物品标签移出指定安全范围时，黄灯亮，表示告警状态。

在"智慧工厂"App项目中，实现设备控制的规则链如图9-1所示。

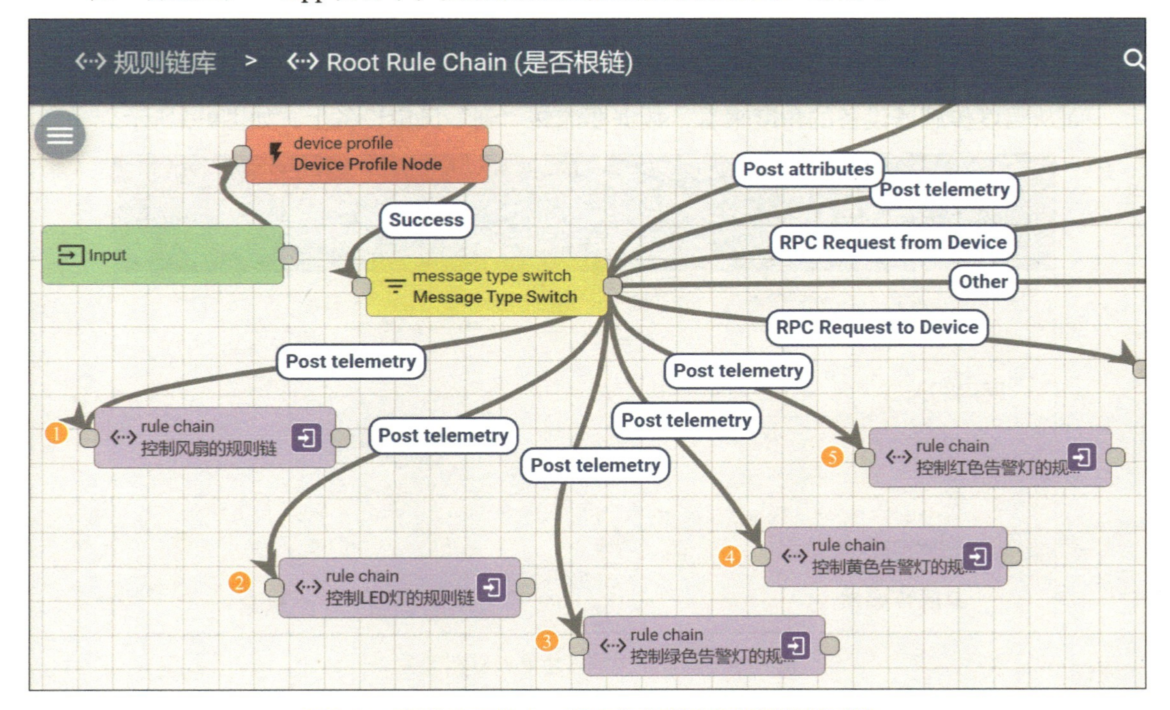

图9-1 "智慧工厂"App项目中实现设备控制的规则链

1. 添加设备的关联关系

在实现设备控制之前，需要先理解在ThingsBoard上控制设备的处理流程。

（1）分析关联方向

以实现"当温度传感器采集到的温度数据>30℃时，风扇转动，进行恒温控制"这个要求为例，这里真实的温度传感器的数据，也就是遥测数据，需要上报到ThingsBoard，在ThingsBoard上有对应的传感器设备[即"Temperature_out"（温度传感器）设备]在接收上报的遥测数据。当温度数据>30℃时，控制执行器设备[即"Fan"（风扇）设备]转动，这个时候就需要在"Temperature_out"和"Fan"两个设备间建立关联关系。从风扇设备的角度来看，数据是“从”温度传感器来的，如图9-2所示。

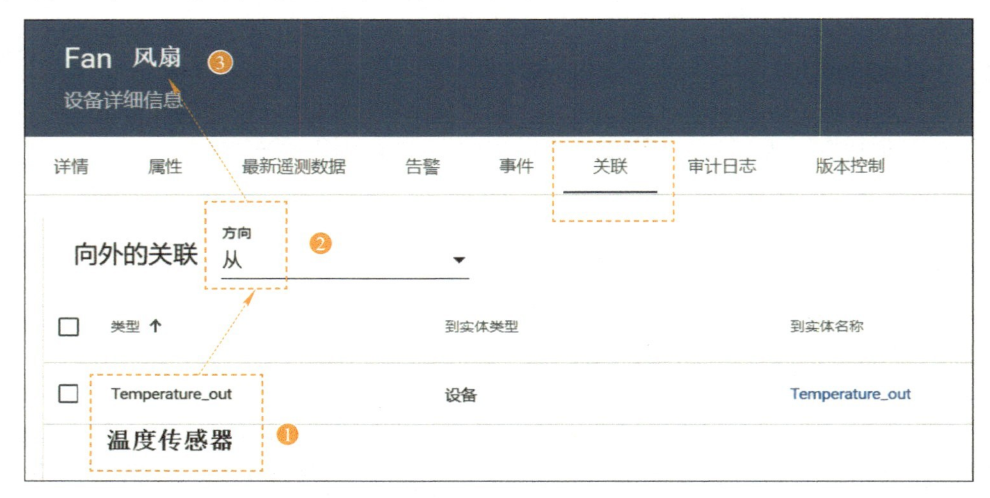

图9-2　从风扇角度看数据流方向

而从温度传感器设备的角度来看，数据要流转“到”风扇设备上，如图9-3所示。

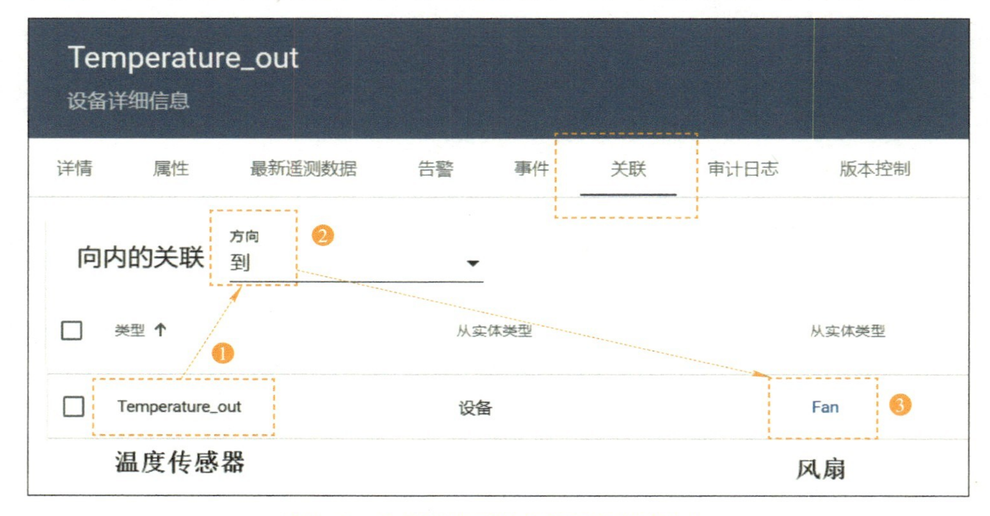

图9-3　从温度传感器角度看数据流方向

综上所述，数据流可以从两个方向上看。

（2）设备关联关系汇总

在“智慧工厂”App项目中，统一从执行器的方向上看数据流，基于“智慧工厂”App项目的需求，需要创建的设备间的关联关系见表9-1。

表9-1 “智慧工厂”App项目的设备关联关系

真实设备名称	ThingsBoard上的设备名称	方向	关联设备（ThingsBoard上的设备名称）	说明	自定义的关联类型名称
红色告警灯	Tricolorlamp_red	从	Body	人体红外	Body
			PM25	PM2.5	PM25

（续）

真实设备名称	ThingsBoard上的设备名称	方向	关联设备（ThingsBoard上的设备名称）	说明	自定义的关联类型名称
红色告警灯	Tricolorlamp_red	从	Co2	二氧化碳	Co2
			Humidity_out	湿度	Humidity_out
			Arming	布防/撤防	Arming
黄色告警灯	Tricolorlamp_yellow	从	Temperature_out	温度	Temperature_out
			Uwb0	UWB	Uwb0
绿色告警灯	Tricolorlamp_green	从	Temperature_out	温度	Temperature_out
风扇	Fan	从	Temperature_out	温度	Temperature_out
LED小灯泡	LED	从	Arming	布防/撤防	Arming
			Body	红外人体	Body

（3）添加风扇的关联关系

以执行器“Fan”风扇设备为例，添加设备的关联关系，打开设备“Fan”，选择“关联”选项卡，单击“+”按钮，在弹出来的“添加关联”对话框中，填写关联类型（按表9-1中设计好的内容填写自定义的名称）为“Temperature_out”，“到实体类型”选择“设备”，“实体列表”选择温度传感器设备“Temperature_out”，如图9-4所示。

图9-4　添加“Fan”设备的关联关系

添加好的“Fan”设备的关联关系如图9-5所示。

图9-5 “Fan”设备的关联关系

（4）添加红色告警灯的关联关系

参考表9-1，添加红色告警灯设备的关联关系，如图9-6所示。

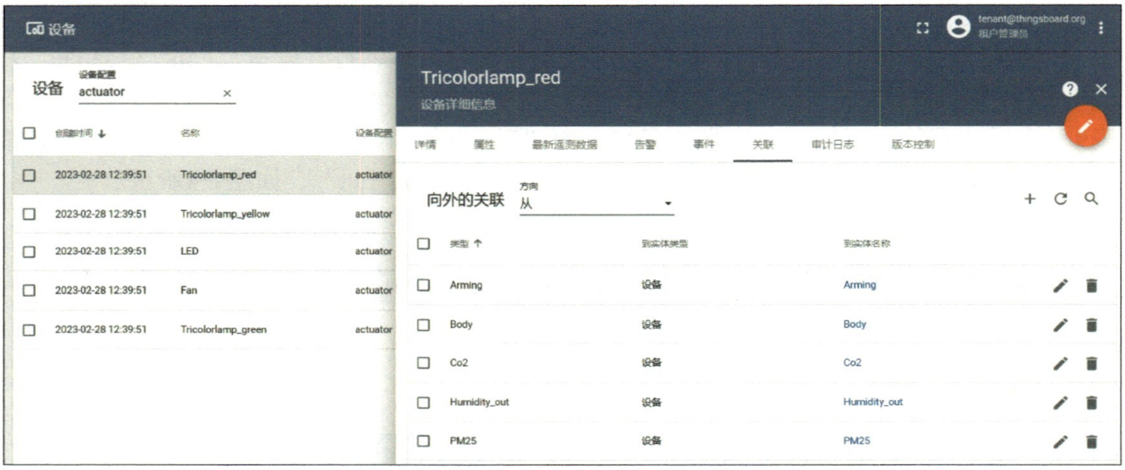

图9-6 红色告警灯设备的关联关系

（5）添加黄色告警灯的关联关系

参考表9-1，添加黄色告警灯设备的关联关系，如图9-7所示。

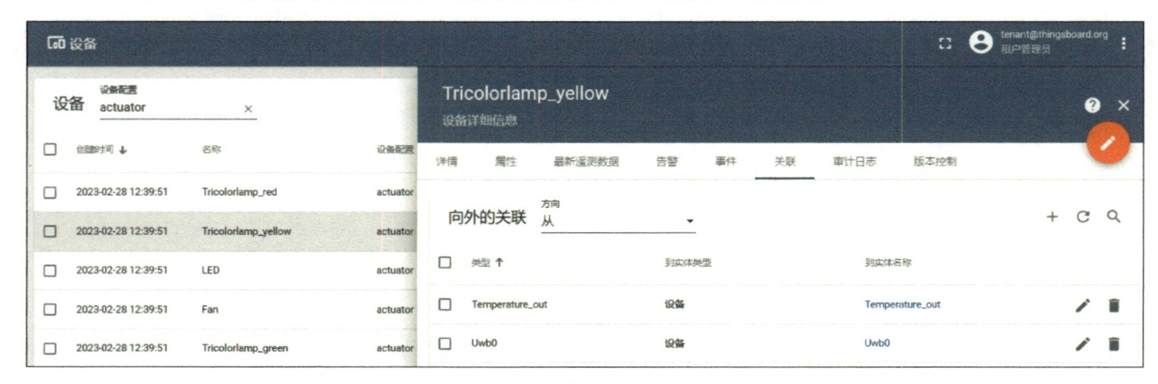

图9-7 黄色告警灯设备的关联关系

（6）添加绿色告警灯的关联关系

参考表9-1，添加绿色告警灯设备的关联关系，如图9-8所示。

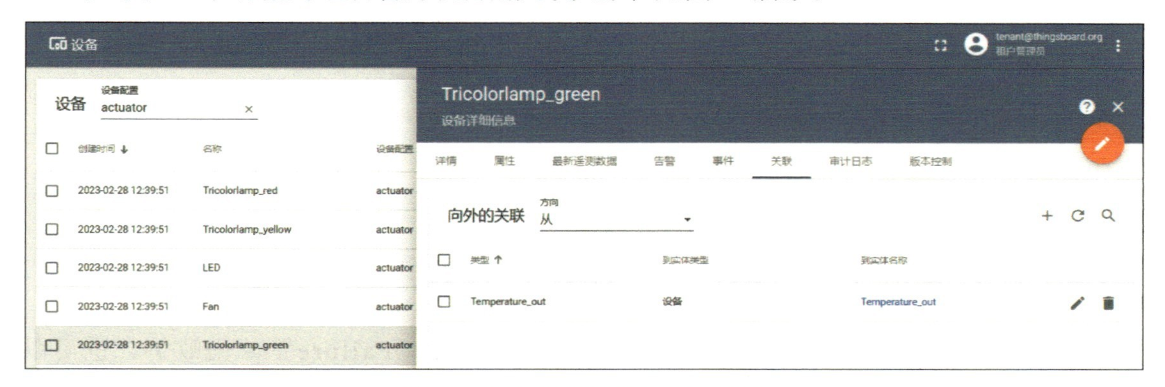

图9-8 绿色告警灯设备的关联关系

（7）添加LED灯的关联关系

参考表9-1，添加LED灯设备的关联关系，如图9-9所示。

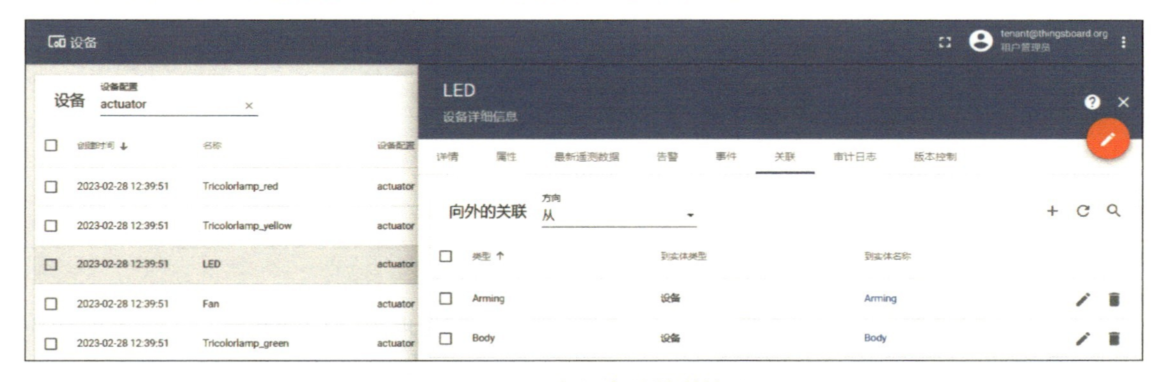

图9-9 LED灯设备的关联关系

只有设备间有了关联关系，有了数据流向，后面才可以在规则链中处理这些数据。

2. 认识规则链

规则引擎是指用户在物联网平台上对接入平台的设备设定相应的规则，在条件满足所设定的规则后，平台会触发相应的动作来满足用户需求。ThingsBoard内置的规则引擎，可以接收设备的消息，还可以通过自定义的规则实现处理和转发。

规则引擎中主要包含消息、规则节点和规则链，具体说明如下：

1）消息用于表示系统中的各种事件，包括来自设备的传入遥测数据（Post Telemetry，也就是实时上报的设备数据）、通过RESTful请求规则引擎事件、RPC（Remote Procedure Call，远程过程调用）请求事件、告警事件、实体生命周期事件（创建/更新/删除/分配/取消分配/属性更新/属性删除）、设备状态事件（连接/断开/活动/非活动）等。

2）规则节点一次处理一个传入消息，并生成一个或多个传出消息。ThingsBoard中的规则节点类型有筛选器、属性集、变换、动作、外部的、流（其中有自定义的规则链）等，如图9-10所示。

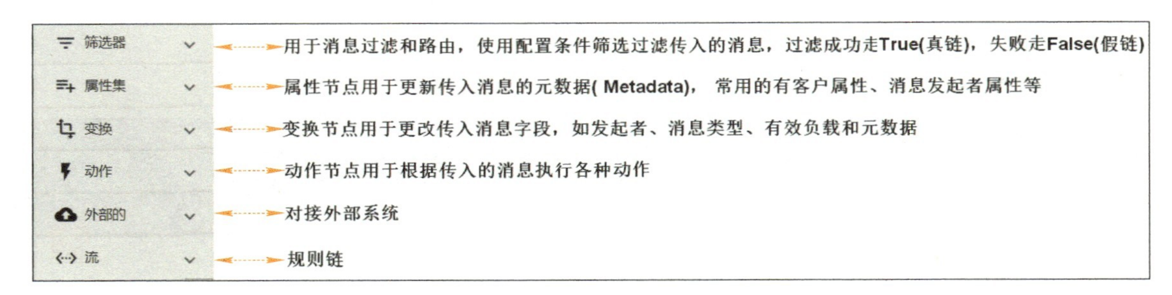

图9-10　规则节点类型

规则节点之间可以关联，每种关联都有关联类型。关联类型表示该关联的逻辑意思的名称。规则节点在生成输出消息时，通过指定关联类型将生成的消息路由到下一个节点。

规则节点关联类型可以是“Success”（成功）、“Failure”（失败），也可以是“True”（真）、“False”（假）、“Post Telemetry”（遥测数据）、“Attributes Updated”（属性更新）、“Entity Created”（实体创建）等，部分节点间的关联类型如图9-11所示。

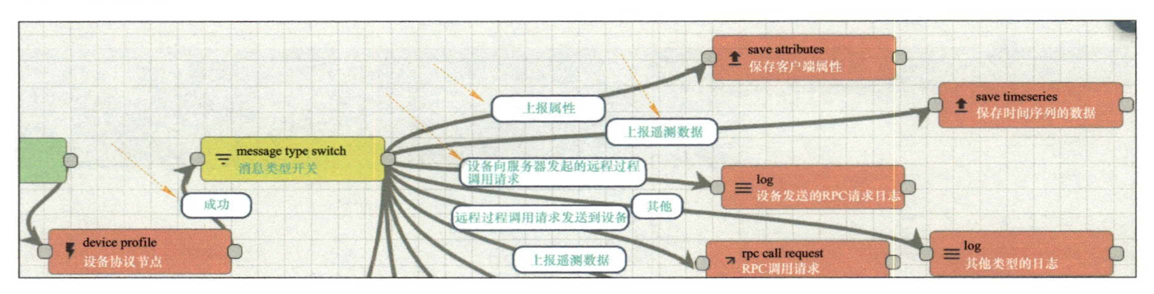

图9-11　部分节点间的关联关系

3）规则链是规则节点及其关系的集合，将针对特定数据包的规则节点，按照顺序依次放入对应的链中，节点之间通过线来互相连接，因此来自规则节点的出站消息将发送到下一个连接的规则节点中。

规则链中，根规则链处理所有传入的消息，并将其转发到其他规则链以进行其他处理。

在规则链库中，每个租户都会有一条名为“Root Rule Chain”的根规则链，用来处理该租户下的设备数据，如图9-12所示。

图9-12　根规则链

打开根规则链，可以看到默认所有的传入数据都会经过根规则链进行处理，如图9-13所示。

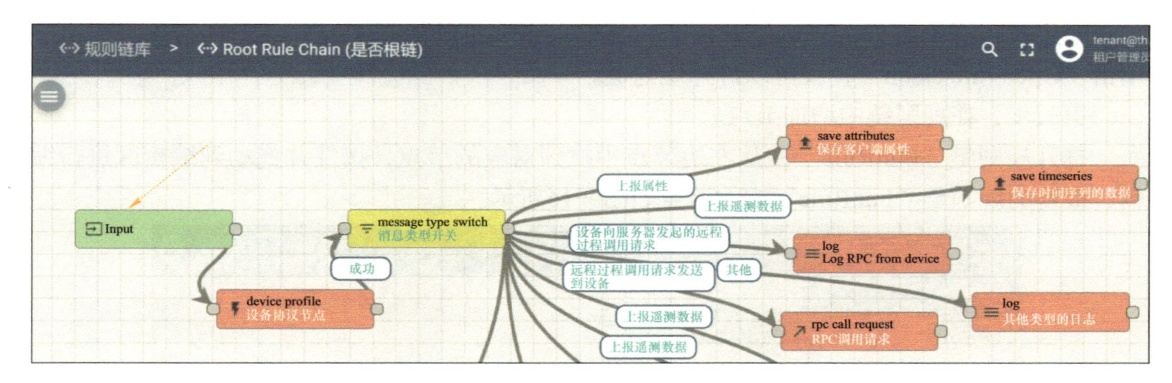

图9-13 通过根规则链接入数据

要对传入数据进行处理，可以新建规则链，并添加到根规则链中，默认所有的传入数据经过根规则链后流入新的规则链中，在新规则链中进行数据处理。

规则链编辑完毕，可将规则链添加到根规则链中，这样默认所有的传入数据经过根规则链后，再进入指定的规则链进行处理。

3. 设计控制风扇的规则链

对于执行器风扇来说，是否转动的规则是：当温度传感器采集到的温度数据>30℃时，风扇转动，进行恒温控制；当温度数据≤30℃时，风扇停止转动。

风扇是否转动，需要靠温度传感器的遥测数据来定，所有传入ThingsBoard的数据都通过Input节点进行接收。从风扇的角度出发，获取传入数据中的温度值，根据恒温控制需求，判断是否需要发送控制风扇开启或关闭的命令请求，该请求将通过RPC向下发送给设备。

创建控制风扇的规则链，请遵循以下操作步骤。

第一步，创建新规则链“FanRule”。单击图9-12右上角的“+”按钮，在弹出来的页面中选择“创建新的规则链”，在“添加规则链”对话框中输入规则链名称“FanRule”，勾选“调式模式”复选框，描述部分的内容可选填，单击“添加”按钮，即可创建新的规则链，如图9-14所示。

图9-14 新建规则链

第二步，查看规则链。规则链创建好后，可以返回规则链库，查看创建好的新规则链，如图9-15所示。

规则链库

创建时间 ↓	名称	是否根链
2023-03-08 14:12:00	FanRule	☐
2023-01-04 10:38:21	Root Rule Chain	☑

图9-15 创建好的“FanRule”规则链

如果想打开创建好的规则链，那么只需要单击要打开的规则链，然后在右侧弹出页中单击“Open rule chain”，就可以打开规则链。

第三步，在规则链中增加节点。

打开规则链“FunRule”，从左边节点中找到对应的节点，按住并拖动到编辑区进行编辑，最终的规则链“FunRule”中的节点如图9-16所示。

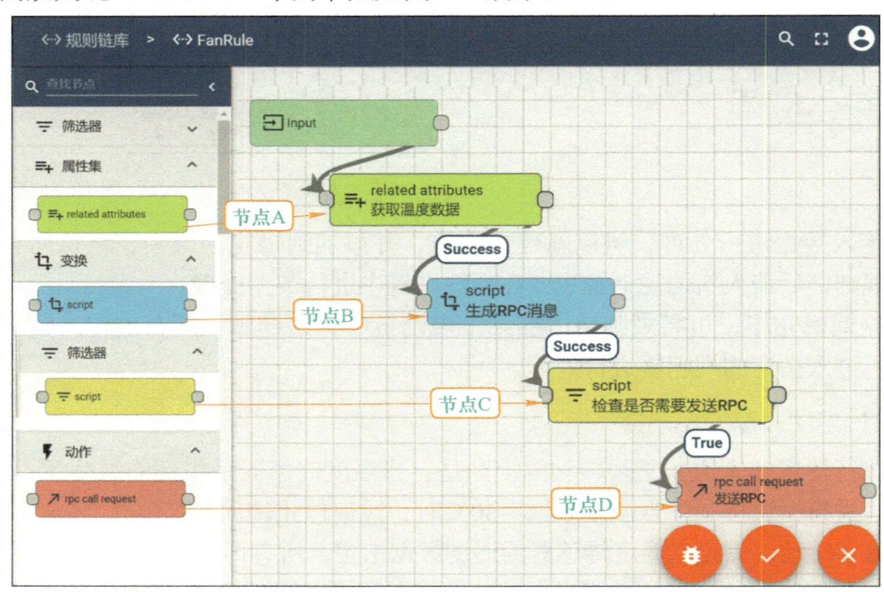

图9-16 “FunRule”规则链中的节点

（2）生成RPC消息节点B

从变换列表中拖动一个“script”节点到编辑区，在弹出的添加界面中输入节点名称为“生成RPC消息”，编写生成RPC消息的脚本，如图9-19所示。

图9-19 控制风扇的生成RPC消息的脚本

其中，生成RPC消息函数的代码如下。

```
1. var newMsg = {}                    //消息变量
2. if(metadata.deviceName == "Fan") { //判断是否是风扇设备
3.     if(metadata.temp > 30) {       //判断温度是否大于30℃
4.         newMsg = {"method": "setValue",
5.                   "params": 1}     //如果温度大于30℃，则向下发送方法名称为setValue、值为1的控制
指令，控制风扇开
6.     }else {
7.         newMsg = {"method": "setValue",
8.                   "params": 0}     //如果温度小于或等于30℃，则向下发送方法名称为setValue、值为0
的控制指令，控制风扇关
9.     }
10. }
11. return {msg: newMsg, metadata: metadata, msgType: msgType};
```

setValue是中心网关接收ThingsBoard数据时的方法名称，只有用setValue，才可以将指令下发到中心网关，再由中心网关将指令传递给对应的设备。

（3）检查是否需要发送RPC节点C

从筛选器列表中拖动一个“script”节点到编辑区，在弹出的添加界面中输入节点名称为“检查是否需要发送RPC”，编写脚本，如图9-20所示。

图9-20 检查是否需要发送RPC节点的脚本

其中，脚本的代码如下。

```
return typeof msg.method !== "undefined";
```

注意：在后续的规则链中，该节点的配置与这里的一致，不再展开讲解。

（4）发送RPC节点D

从动作列表中拖动一个“rpc call request”节点到编辑区，在弹出的添加界面中输入节点名称为“发送RPC”，如图9-21所示。

图9-21　发送RPC节点

该节点不需要做任何配置，在后续的规则链中，该节点的配置与这里的一致，不再展开讲解。

4. 设计控制LED灯的规则链

对于LED灯来说，开灯与关灯的规则是：在撤防状态，人体红外传感器监测到有人，则LED小灯泡亮灯；人离开，则LED小灯泡灭灯。

LED灯的开与关，需要由布防/撤防状态下人体红外传感器的遥测数据来定，所有传入ThingsBoard的数据都通过Input节点进行接收。从LED灯的角度出发，获取传入数据中的布防/撤防状态值以及人体红外传感器值，根据控制需求判断是否需要发送控制LED灯开启或关闭的命令请求，该请求将通过RPC向下发送给设备。

综上所述，参考控制风扇的规则链，控制LED灯的规则链中的节点，如图9-22所示。

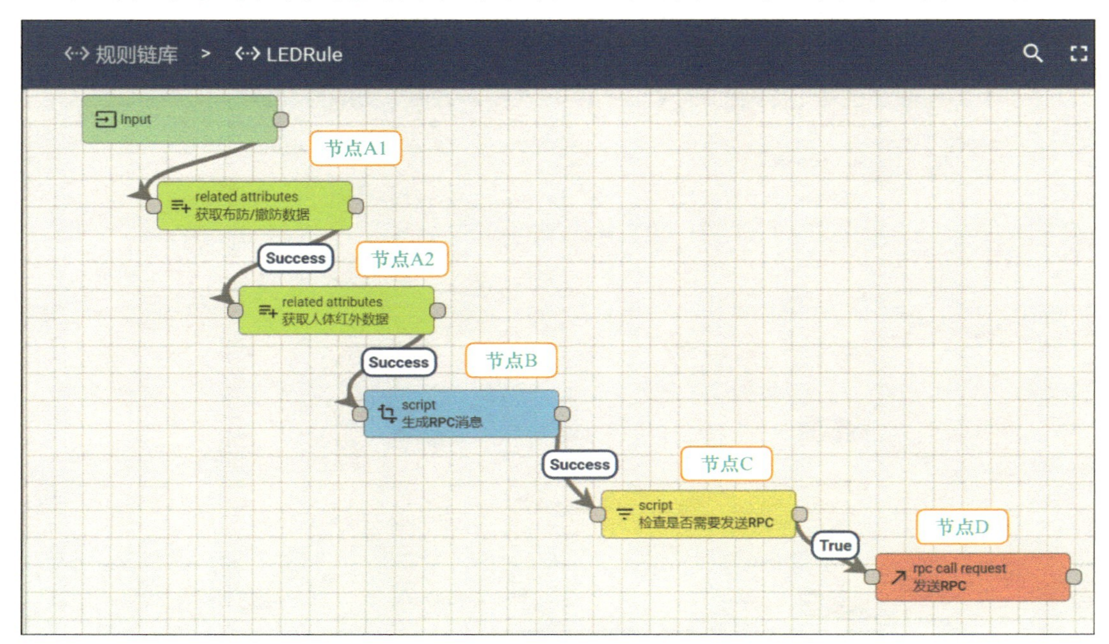

图9-22　控制LED灯的规则链中的节点

（1）获取布防/撤防数据节点A1

获取布防/撤防数据节点A1的设置如图9-23所示。

图9-23　获取布防/撤防数据节点A1的设置

（2）获取人体红外数据节点A2

获取人体红外数据节点A2的配置如图9-24所示。

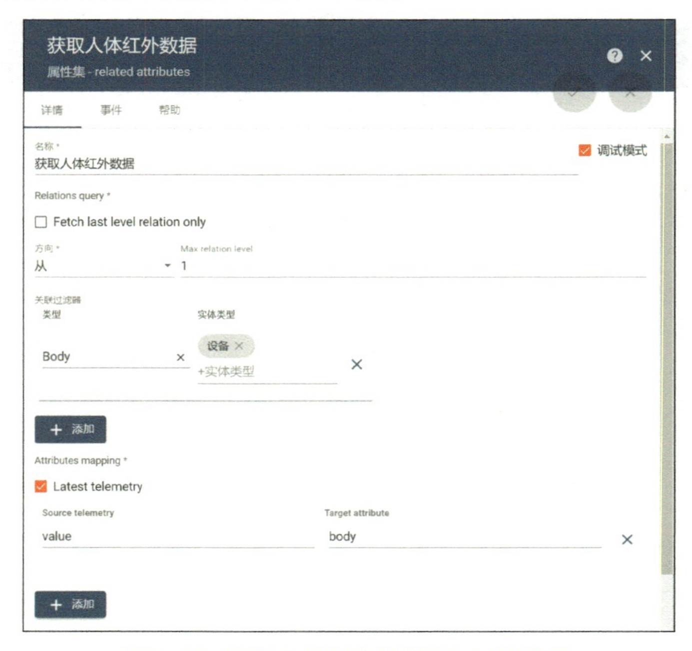

图9-24　获取人体红外数据节点A2的配置

（3）生成RPC消息节点B

控制LED的规则链中，生成RPC消息节点B的配置如图9-25所示。

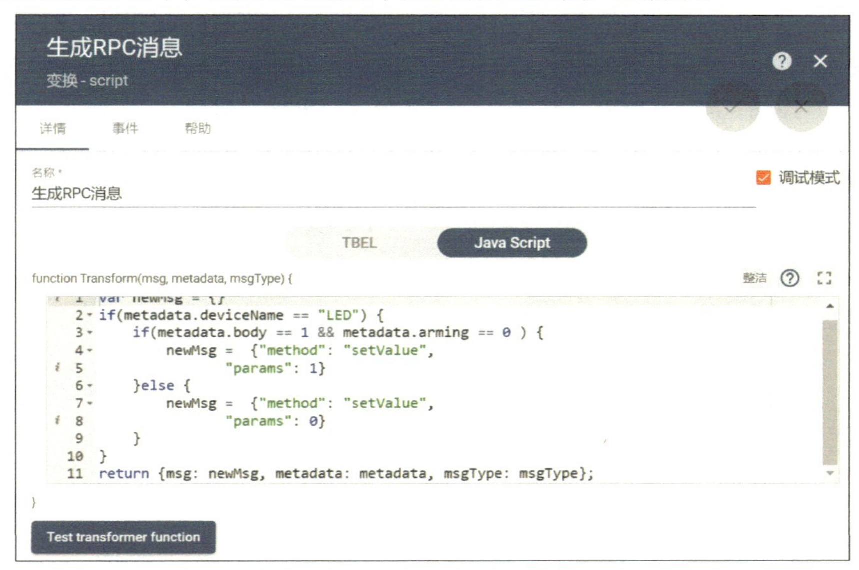

图9-25 生成RPC消息节点B的配置

其中，撤防状态下（arming的值为0），有人时，人体红外传感数据为1（body的值为1），因此，生成RPC消息函数的代码如下。

```
1. var newMsg = {}
2. if(metadata.deviceName == "LED") {//判断是否是LED灯设备
3.     //如果是撤防状态，且有人的情况，则发送RPC指令，控制LED灯开
4.     if(metadata.body == 1 && metadata.arming == 0 ) {
5.         newMsg =  {"method": "setValue",
6.                   "params": 1}
7.     }else {
8.         newMsg =  {"method": "setValue",
9.                   "params": 0}
10.     }
11. }
12. return {msg: newMsg, metadata: metadata, msgType: msgType};
```

（4）检查是否需要发送RPC节点C

该节点的配置与控制风扇的规则链一致，请参考图9-20进行配置，此处不再展开。

（5）发送RPC节点D

该节点的配置与控制风扇的规则链一致，请参考图9-21进行配置，此处不再展开。

5. 设计控制绿色告警灯的规则链

对于绿色告警灯来说，开灯与关灯的规则是：温度<26℃，则绿灯亮，表示正常状态，否则绿灯灭。

绿色告警灯的开与关，需要由温度传感器的遥测数据来定，所有传入ThingsBoard的数据都通过Input节点进行接收。从绿色告警灯的角度出发，获取温度传感器的遥测数据值，

根据控制需求判断是否需要发送控制绿色告警灯开启或关闭的命令请求，该请求将通过RPC向下发送给设备。

综上所述，参考控制风扇的规则链，控制绿色告警灯的规则链中的节点，如图9-26所示。

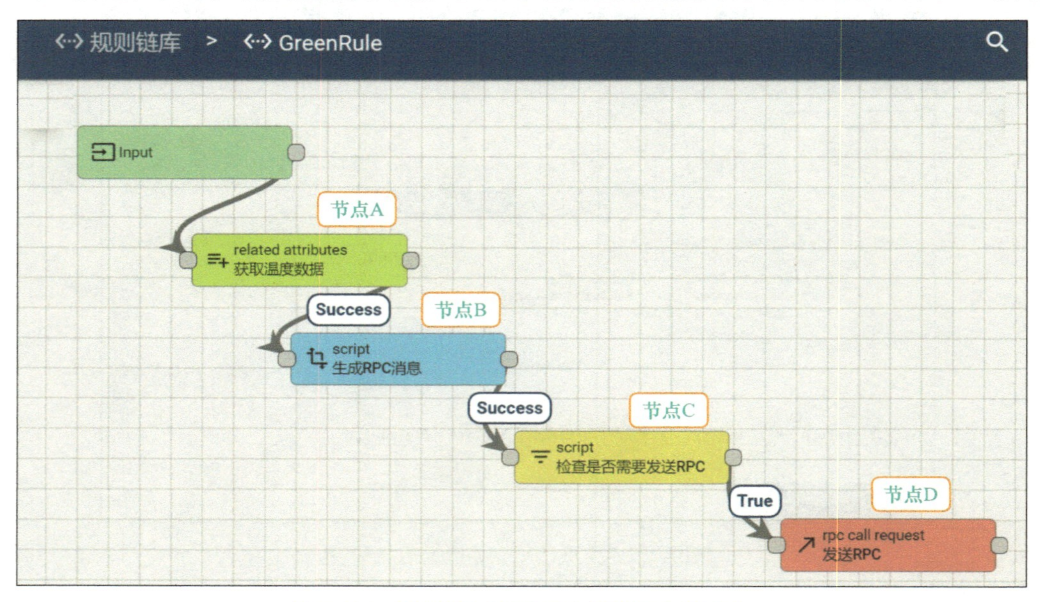

图9-26　控制绿色告警灯的规则链中的节点

（1）获取温度数据节点A

请参考图9-18，设置获取温度数据节点A。

（2）生成RPC消息节点B

参考控制风扇的规则链，生成RPC消息节点B的配置如图9-27所示。

图9-27　控制绿色告警灯的生成RPC消息节点B的配置

其中，生成RPC消息函数的代码如下。

```
1. var newMsg = {}
2. if(metadata.deviceName == "Tricolorlamp_green") {
3.     if(metadata.temp < 26 ) {
4.         newMsg =  {"method": "setValue",
5.                    "params": 1}
6.     }else {
7.         newMsg =  {"method": "setValue",
8.                    "params": 0}
9.     }
10. }
11. return {msg: newMsg, metadata: metadata, msgType: msgType};
```

（3）检查是否需要发送RPC节点C

该节点的配置与控制风扇的规则链一致，请参考图9-20进行配置，此处不再展开。

（4）发送RPC节点D

该节点的配置与控制风扇的规则链一致，请参考图9-21进行配置，此处不再展开。

6. 设计控制黄色告警灯的规则链

对于黄色告警灯来说，开灯与关灯的规则是：

1）当温度数据范围为26～30℃（含边界值）时，黄灯亮，表示处于告警临界状态；

2）当UWB物品标签移出指定安全范围时，黄灯亮，表示告警状态。

黄色告警灯的开与关，需要由温度传感器以及UWB的遥测数据来定，所有传入ThingsBoard的数据都通过Input节点进行接收。从黄色告警灯的角度出发，获取温度传感器或UWB的遥测数据值，根据控制需求判断是否需要发送控制黄色告警灯开启或关闭的命令请求，该请求将通过RPC向下发送给设备。

综上所述，参考控制风扇的规则链，控制黄色告警灯的规则链中的节点如图9-28所示。

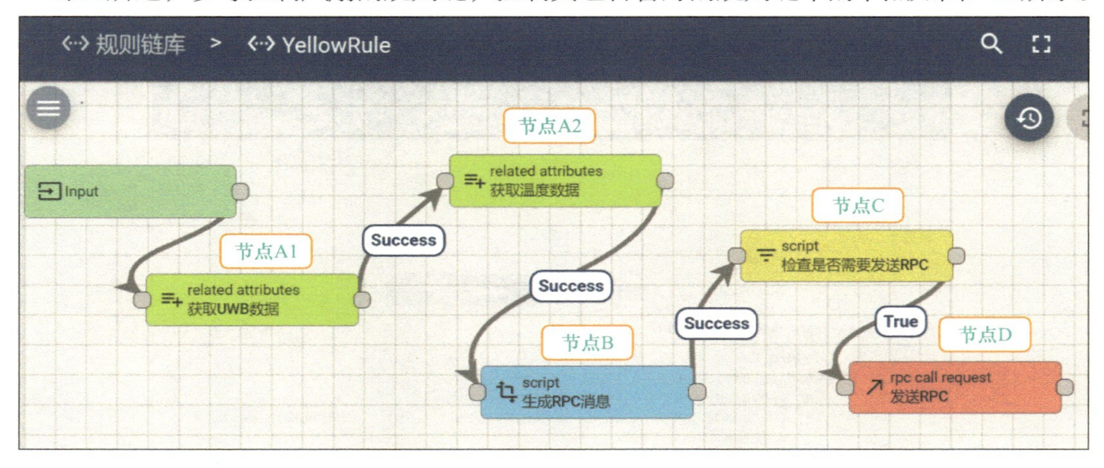

图9-28　控制黄色告警灯的规则链中的节点

（1）获取UWB数据节点A1

获取UWB数据节点A1的配置如图9-29所示。

（2）获取温度数据节点A2

请参考图9-18，设置获取温度数据节点A2。

（3）生成RPC消息节点B

参考控制风扇的规则链，生成RPC消息节点B的配置如图9-30所示。

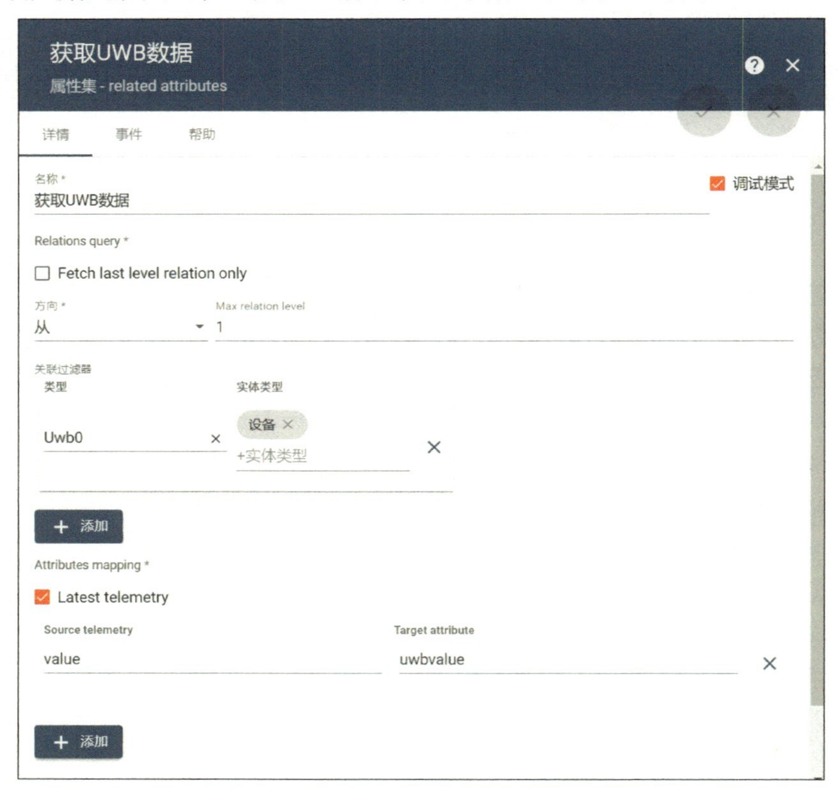

图9-29　获取UWB数据节点A1的配置

图9-30　控制黄色告警灯的规则链中的生成RPC消息节点B的配置

其中，生成RPC消息函数的代码如下。

```
1. var newMsg = {}
2. if(metadata.deviceName == "Tricolorlamp_yellow") {
3.     var uwbvalue = JSON.parse(metadata.uwbvalue)
4.     if( (metadata.temp >= 26 && metadata.temp <= 30) || uwbvalue.bestx < 0 || uwbvalue.bestx > 227
5.       || uwbvalue.besty > 156 || uwbvalue.besty < 0) {
6.       newMsg =  {"method": "setValue",
7.                  "params": 1}
8.     }else {
9.       newMsg =  {"method": "setValue",
10.                 "params": 0}
11.    }
12. }
13. return {msg: newMsg, metadata: metadata, msgType: msgType};
```

在上述代码中，“uwbvalue.bestx>227||uwbvalue.besty>156”中的227（宽）和156（高），要根据设定的安全监测范围的宽（setWidth）和高（setHeight）的值进行修改。

（4）检查是否需要发送RPC节点C

该节点的配置与控制风扇的规则链一致，请参考图9-20进行配置，此处不再展开。

（5）发送RPC节点D

该节点的配置与控制风扇的规则链一致，请参考图9-21进行配置，此处不再展开。

7. 设计控制红色告警灯的规则链

对于红色告警灯来说，开灯与关灯的规则是：

1）在布防状态，人体红外传感器监测到有人，则红灯亮，表示有人入侵并进行告警；

2）当PM2.5的值≥75RM时，红灯亮，表示告警状态；

3）当CO_2的值≥2000ppm时，红灯亮，表示告警状态；

4）当湿度的值高于≥80%rh时，红灯亮，表示告警状态。

由上述规则得知，红色告警灯的开与关，需要由布防状态、人体红外传感器、PM2.5传感器、CO_2传感器和湿度的遥测数据来定，所有传入ThingsBoard的数据都通过Input节点进行接收。从红色告警灯的角度出发，获取各项遥测数据值，根据控制需求判断是否需要发送控制红色告警灯开启或关闭的命令请求，该请求将通过RPC向下发送给设备。

综上所述，参考控制风扇的规则链，控制红色告警灯的规则链中的节点如图9-31所示。

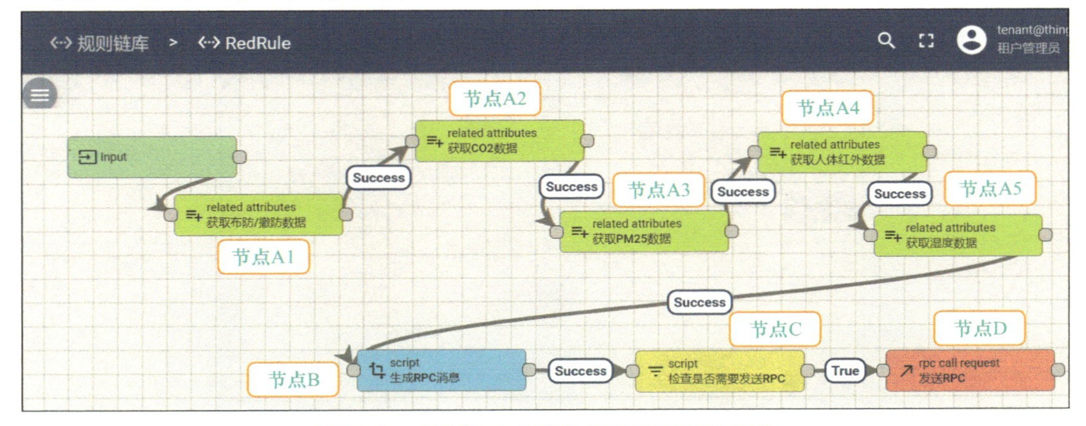

图9-31 控制红色告警灯的规则链中的节点

（1）获取布防/撤防数据节点A1

参考图9-23，配置布防/撤防数据节点A1。

（2）获取CO_2数据节点A2

获取CO_2数据节点A2的配置如图9-32所示。

图9-32 获取CO_2数据节点A2的配置

（3）获取PM2.5数据节点A3

获取PM2.5数据节点A3的配置如图9-33所示。

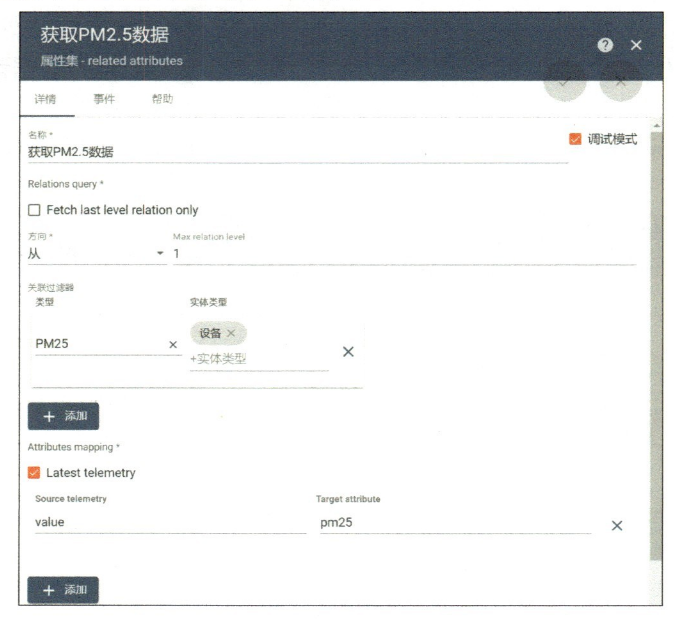

图9-33 获取PM2.5数据节点A3的配置

（4）获取人体红外数据节点A4

参考图9-24，配置获取人体红外数据的节点A4。

（5）获取湿度数据节点A5

获取湿度数据节点A5的配置如图9-34所示。

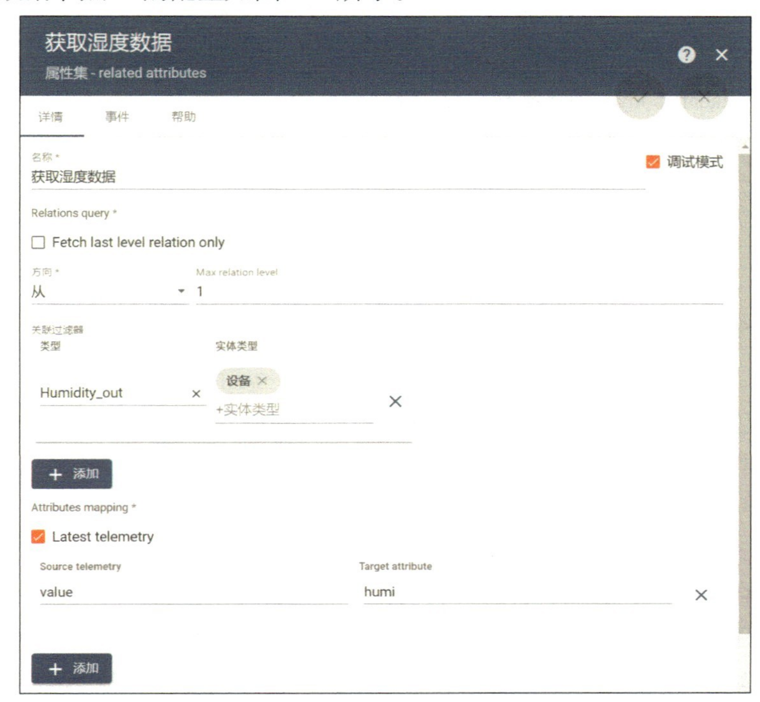

图9-34 获取湿度数据节点A5的配置

（6）生成RPC消息节点B

参考控制风扇的规则链，生成RPC消息节点B的配置如图9-35所示。

图9-35 控制红色告警灯规则链的生成RPC消息节点B的配置

其中，生成RPC消息函数的代码如下。

```
1. var newMsg = {}
2. if(metadata.deviceName == "Tricolorlamp_red") {
3.     //如果CO2值超过2000，则红灯亮
4.     //如果PM2.5值超过75，则红灯亮
5.     //如果湿度超过80，则红灯亮
6.     //如果布防状态(arming值为1)下有人（body值为1）经过，则红灯亮
7.     if(metadata.co2 >= 2000 || metadata.pm25 >= 75 || metadata.humi >= 80
8.         || (metadata.body == 1 && metadata.arming == 1)) {
9.         newMsg = {"method": "setValue",
10.                  "params": 1}
11.     }else {
12.         newMsg = {"method": "setValue",
13.                  "params": 0}
14.     }
15. }
16. return {msg: newMsg, metadata: metadata, msgType: msgType};
```

（7）检查是否需要发送RPC节点C

该节点的配置与控制风扇的规则链一致，请参考图9-20进行配置，此处不再展开。

（8）发送RPC节点D

该节点的配置与控制风扇的规则链一致，请参考图9-21进行配置，此处不再展开。

8. 将所有的规则链添加到根规则链中

接下来，将上述定义好的规则链添加到根规则链中。以添加控制风扇的规则链为例，在流节点中找到根规则链“rule chain”，按住并拖拽到编辑区，操作如图9-36所示。

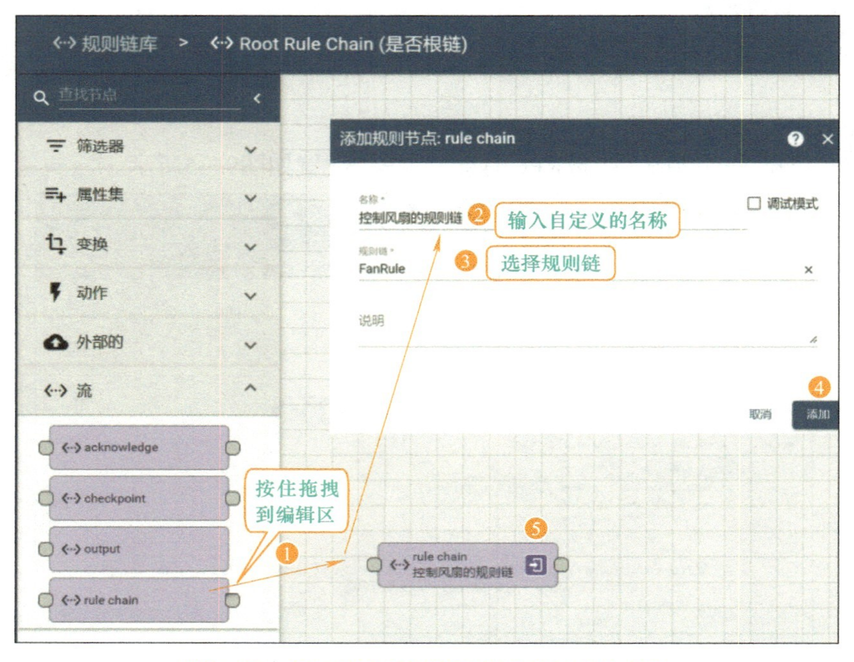

图9-36　添加风扇规则链到根规则链中的操作

将传入的遥测数据传递给控制风扇的规则链，从“Message Type Switch”拖出的一条

“Post telemetry”连线，连接到“控制风扇的规则链”，操作如图9-37所示。

参考上述步骤，将其余的规则链都添加到根规则链中，最终的“智慧工厂”App项目的规则链如图9-37所示。

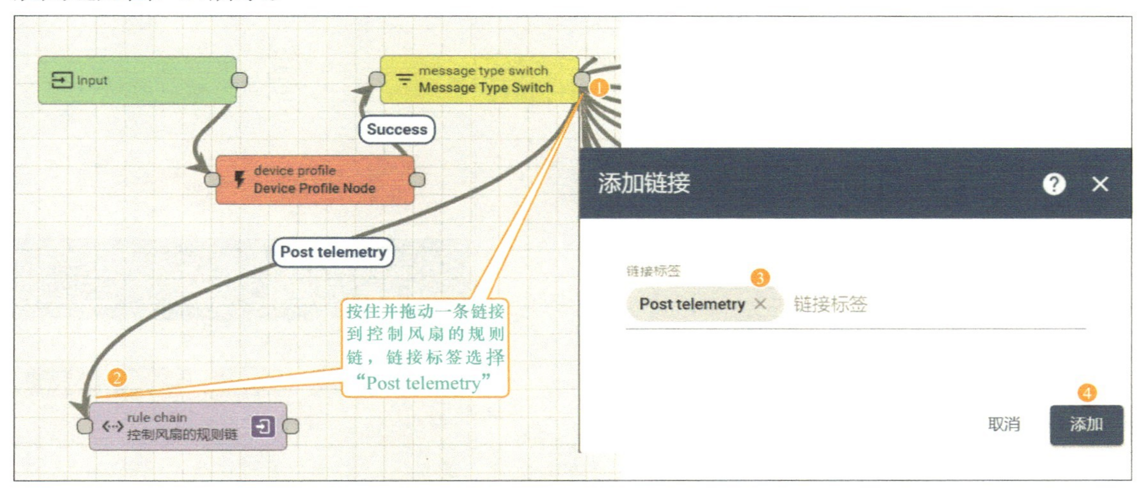

图9-37 将传入的遥测数据传递给控制风扇的规则链的操作

9. 验证规则链

每一个规则链编写好了之后，都需要先验证规则链是否正确。如果使用真实设备，则只需要观察传感设备的数据与执行器的控制是否符合规则设定即可。

在本任务里，还没有使用真实设备，由于ThingsBoard支持MQTT协议的数据上报，因此先通过MQTTBox发送模拟的数据进行验证。

使用两个MQTTBox，分别模拟传感设备和执行设备，验证的过程仅仅是为了验证规则链的设定是否正确，不代表真实设备需要这样的验证过程。

以CO_2数据超过2000、红灯亮起的规则为例，用MQTTBox模拟数据进行验证的步骤是：

第一步，用一个MQTTBox模拟CO_2传感器设备。先获取CO_2设备的访问令牌，如图9-38所示。

图9-38 获取CO_2设备的访问令牌

设置MQTTBox（模拟CO_2）的连接信息，如图9-39所示。

第二步，用第二个MQTTBox模拟红色告警灯设备。先获取红色告警灯设备的访问令牌，如图9-40所示。

设置MQTTBox（模拟红色告警灯）的连接信息，如图9-41所示。

第三步，测试$CO_2 \geq 2000$则红色告警灯亮的规则。MQTTBox（模拟CO_2）发送值为3333的数据（发布数据的主题为“v1/devices/me/telemetry”），由于规则链设计了CO_2的值大于2000则红色告警灯亮，因此可以用MQTTBox（模拟红色告警灯）订阅RPC的请求指令（订阅的主题是“v1/devices/me/rpc/request/+”），如果收到的值为“1”，则说明规则链生效，验证的操作过程如图9-42和图9-43所示。

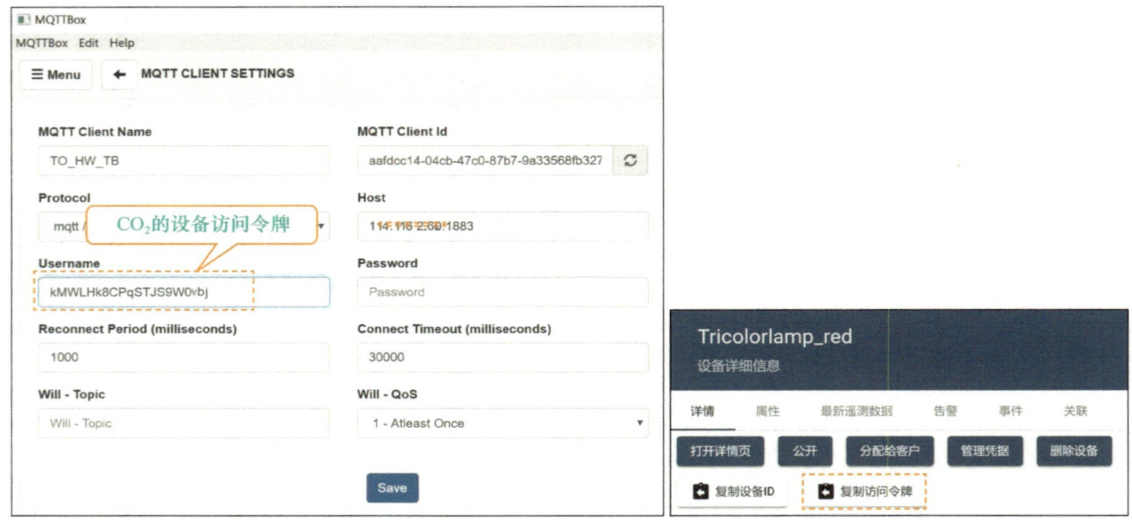

图9-39　设置MQTTBox（模拟CO_2）的连接信息　　图9-40　获取红色告警灯设备的访问令牌

图9-41　设置MQTTBox（模拟红色告警灯）的连接信息

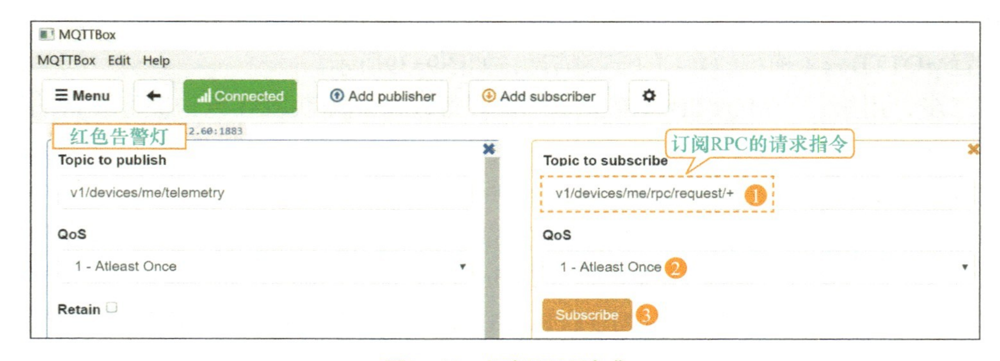

图9-42　订阅RPC请求

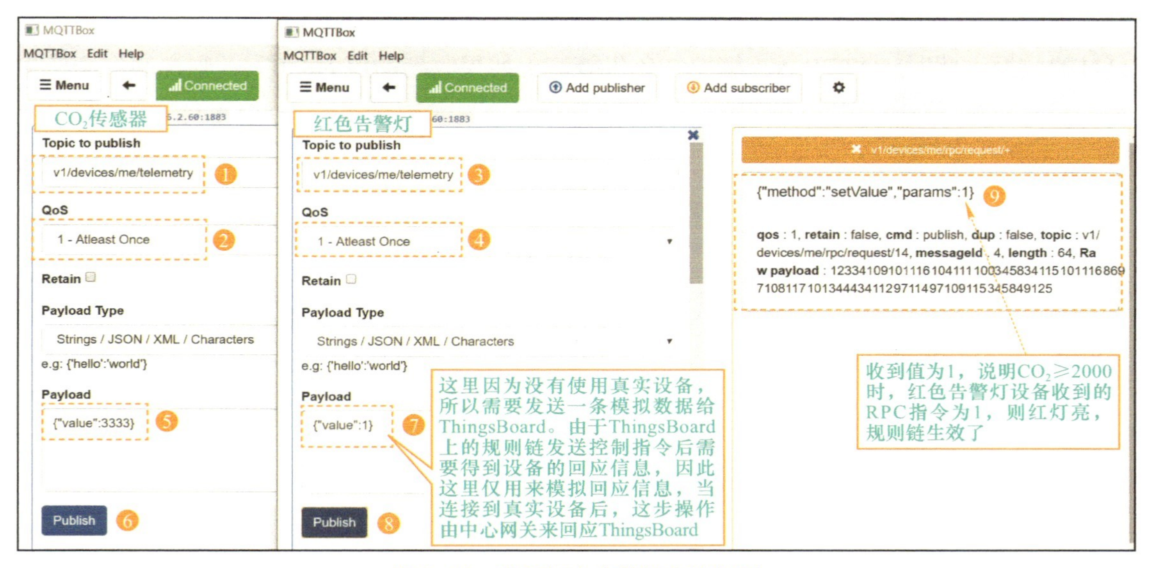

图9-43 验证红色告警灯亮的规则

红色告警灯获取到RPC的指令为“1”后，执行打开红色告警灯的操作，然后，作为真实设备，会每隔5s向ThingsBoard发送它现在的值是“1”，因此这一步也可以由MQTTBox模拟发送“1”的数据，代表现在的红色告警灯是打开的状态，如图9-44所示。经过这些测试操作，在下一个任务中，App才能从ThingsBoard得到红色告警灯的遥测数据，从而页面更新为红色告警灯为打开的状态。

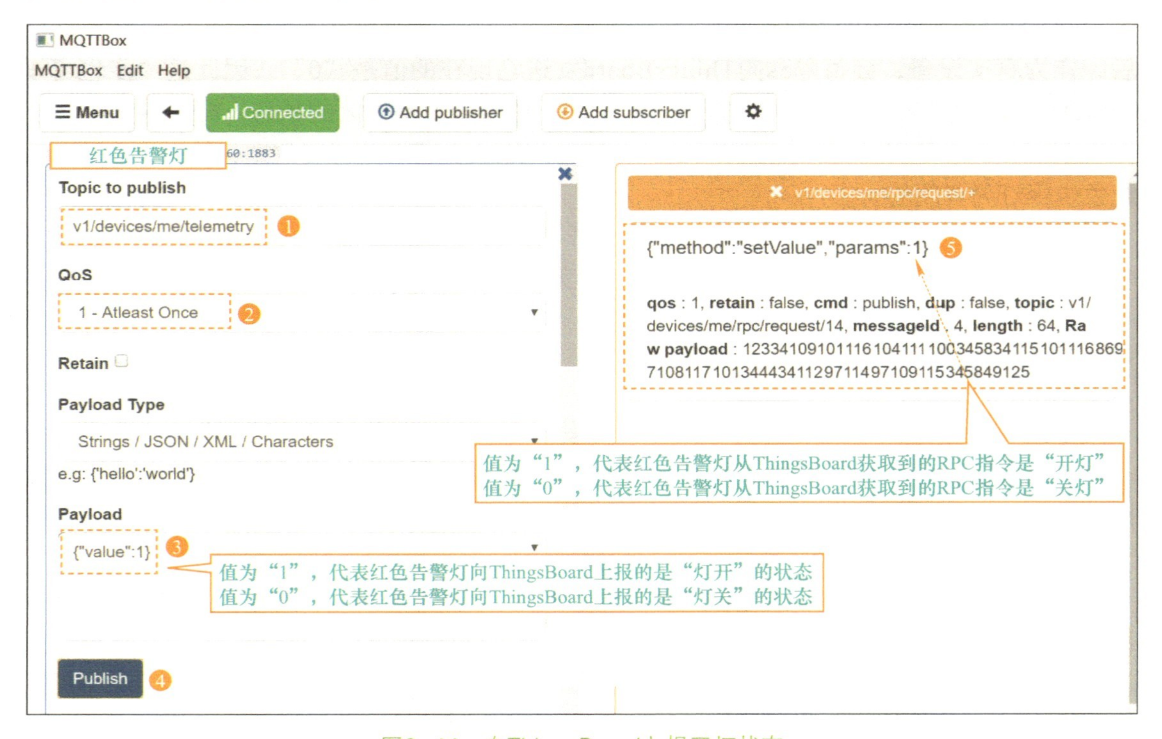

图9-44 向ThingsBoard上报开灯状态

第四步，测试CO_2小于2000则红色告警灯灭的规则。MQTTBox（模拟CO_2）发送值为1111的数据，此时MQTTBox（模拟红色告警灯）如果收到的值为“0”，则说明规则链生效，验证的操作如图9-45所示。

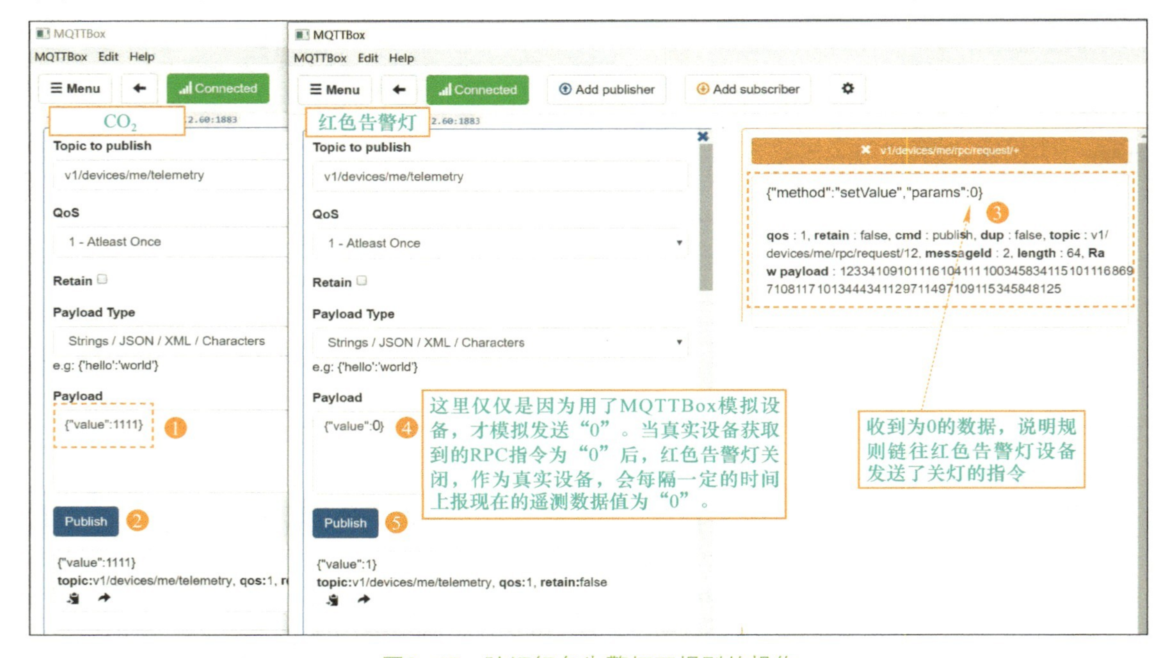

图9-45 验证红色告警灯灭规则的操作

同样，红色告警灯获取到RPC的指令为“0”后，执行红色告警灯关闭的操作，然后，作为真实设备，会每隔5s向ThingsBoard发送它现在的值是“0”，因此这一步也可以由MQTTBox模拟发送“0”的数据，代表现在红色告警灯是关闭的状态。经过这些测试操作，在下一个任务中，App才能从ThingsBoard得到红色告警灯的遥测数据，从而页面更新为红色告警灯为关闭的状态。

因篇幅有限以及操作烦琐，这里不再展开其他规则链的验证，请读者参考这里的验证步骤进行验证，也可以在后续任务中连接上真实设备后再验证规则链的正确性。

任务小结

本任务先分析了ThingsBoard中规则链的基本组成，再按照“智慧工厂”App项目中设备的控制要求，分别设计了控制风扇、控制LED灯、控制绿色告警灯、控制黄色告警灯和控制红色告警灯的规则链。要让规则链发生作用，需要在传感设备与执行设备间建立关联关系。

在本任务中，设置的设备关联关系以及规则链的设计规则，适用于使用MQTTBox模拟数据的环境，也适用于接入全栈物联网实训系统中的真实设备。因此，当后期接入真实设备时，本任务中编写的规则链可以直接生效，实现“智慧工厂”App中要求的设备控制功能。

任务10 实现自动告警数据可视化

任务描述

本任务实现了从ThingsBoard中获取执行器设备的实时状态数据，并显示在“设备告警”页上。同时，对超过预设值的数据产生告警，并把告警数据传递到“车间监测”和“物品监测”页面，实现自动告警数据可视化。

学习目标

知识目标

- 掌握获取执行器/布防状态的遥测数据的方法；
- 掌握告警实体类的封装，以及告警数据的处理、展示方法；
- 掌握告警数据可视化的方法。

能力目标

- 能获取执行器设备的遥测数据；
- 能封装告警实体类；
- 能获取布防/撤防状态的遥测数据；
- 能处理告警数据；
- 能展示告警数据；
- 能在主页中实现告警数据可视化。

素质目标

- 具备持续学习的能力，不断学习新技术和新知识，提高自己的竞争力；
- 能够与团队成员合作完成任务，尊重他人的意见和想法，共同完成项目目标；
- 提升自我展示能力：讲述、说明、表述和回答问题；
- 培养可持续发展能力：利用书籍或网络上的资料帮助解决实际问题。

任务实施

在任务9已经设计好的规则链的基础上，本任务完成在主页的“设备告警”页签对应的内容页上，展示执行器设备的实时状态和告警的数据信息。“设备告警”内容页的页面组成和数据展示的效果如图10-1所示。

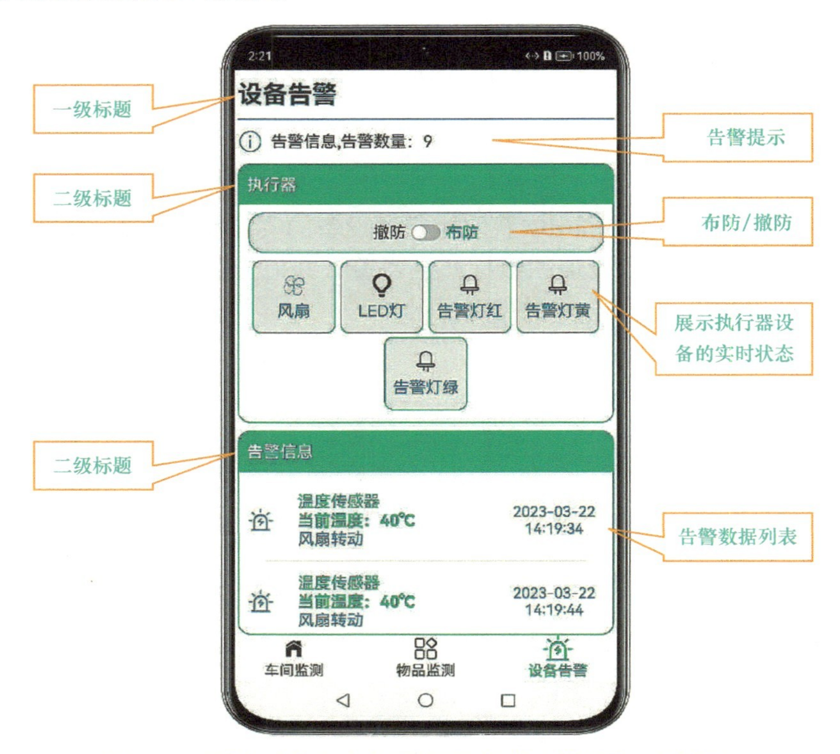

图10-1 “设备告警”内容页的页面组成及数据展示的效果

1. 获取执行器/布防状态的遥测数据

根据“设备告警”内容页组成结构得知，要展示执行器设备的实时状态，需要先获取执行器设备的遥测数据，并将遥测数据放入数据集中，以方便后期从数据集中取出数据进行展示。

在viewmodel目录下新建ActuatorViewModel类，用于编写获取执行器、布防/撤防的遥测数据的业务类，代码和解释如下。

```
1. //执行器实体类
2. import ActuatorBean from '../common/model/ActuatorBean'
3. //设备类型的枚举类
4. import {TypeEnum} from '../common/util/TypeEnum'
5. //与ThingsBoard数据交互的类
6. import TBCloud from '../api/TBCloud'
7. //存放常量数据信息的类
8. import Const from '../common/util/Const'
9. //HTTP数据请求能力模块
10. import http from '@ohos.net.http';
11.
```

```
12. export default class ActuatorViewModel {
13.   //执行器设备集合
14.   private actuatorArray:Array<ActuatorBean>
15.   //初始化执行器设备信息
16.   public initActuatorData() {
17.     this.actuatorArray = new Array()
18.     //执行器-控制风扇
19.     let fanActuator:ActuatorBean = new ActuatorBean()
20.     fanActuator.icon = $r("App.media.fengshan")
21.     fanActuator.name = "风扇"
22.     fanActuator.type = TypeEnum.FAN
23.     fanActuator.state = false
24.
25.     //执行器-控制小灯泡
26.     let ledActuator:ActuatorBean = new ActuatorBean()
27.     ledActuator.icon = $r("App.media.deng")
28.     ledActuator.name = "LED灯"
29.     ledActuator.type = TypeEnum.LED
30.     ledActuator.state = false
31.
32.     //执行器-控制红色告警指示灯
33.     let redActuator:ActuatorBean = new ActuatorBean()
34.     redActuator.icon = $r("App.media.zhishideng")
35.     redActuator.name = "告警灯红"
36.     redActuator.type = TypeEnum.RED
37.     redActuator.state = false
38.
39.     //执行器-控制黄色告警指示灯
40.     let yellowActuator:ActuatorBean = new ActuatorBean()
41.     yellowActuator.icon = $r("App.media.zhishideng")
42.     yellowActuator.name = "告警灯黄"
43.     yellowActuator.type = TypeEnum.YELLOW
44.     yellowActuator.state = false
45.
46.     //执行器-控制绿色告警指示灯
47.     let greenActuator:ActuatorBean = new ActuatorBean()
48.     greenActuator.icon = $r("App.media.zhishideng")
49.     greenActuator.name = "告警灯绿"
50.     greenActuator.type = TypeEnum.GREEN
51.     greenActuator.state = false
52.
53.     //将执行器放入集合中
54.     this.actuatorArray.push(fanActuator)
```

```
55.         this.actuatorArray.push(ledActuator)
56.         this.actuatorArray.push(redActuator)
57.         this.actuatorArray.push(yellowActuator)
58.         this.actuatorArray.push(greenActuator)
59.         //返回执行器集合
60.         return this.actuatorArray
61.     }
62.
63.     //获取布防/撤防的遥测数据
64.     public async getArmingTelemetry(token:string) {
65.         //布防/撤防状态
66.         let arming:boolean = false
67.         //从物联网云平台获取布防/撤防的遥测数据
68.         await TBCloud.telemetry(Const.armingId, token)
69.             .then((data:http.HttpResponse)=> {
70.               if(data.responseCode == 200) {
71.                 //解析数据
72.                 let result = JSON.parse(data.result.toString())
73.                 //处理解析结果，如果值为1，则为布防状态，否则为撤防状态
74.                 arming = result.value[0].value == 1
75.                 }
76.         })
77.         return arming
78.     }
79.
80. //获取执行器的遥测数据
81. public async getActuatorTelemetry(actuatorArray:Array<ActuatorBean>, token:string) {
82.     //获取风扇执行器的遥测数据
83.     await TBCloud.telemetry(Const.fanId, token)
84.         .then((data:http.HttpResponse)=> {
85.           if(data.responseCode == 200) {
86.             let result = JSON.parse(data.result.toString())
87.             actuatorArray[0].state = result.value[0].value == 1
88.           }
89.         })
90.     //获取小灯泡执行器的遥测数据
91.     await TBCloud.telemetry(Const.ledId, token)
92.         .then((data:http.HttpResponse)=> {
93.           if(data.responseCode == 200) {
94.             let result = JSON.parse(data.result.toString())
95.             actuatorArray[1].state = result.value[0].value == 1
96.           }
97.         })
98.     //获取红色告警指示灯执行器的遥测数据
99.     await TBCloud.telemetry(Const.tricolorlampRedId, token)
100.        .then((data:http.HttpResponse)=> {
```

```
101.             if(data.responseCode == 200) {
102.               let result = JSON.parse(data.result.toString())
103.               actuatorArray[2].state = result.value[0].value == 1
104.             }
105.           })
106.
107.       //获取黄色告警指示灯执行器的遥测数据
108.       await TBCloud.telemetry(Const.tricolorlampYellowId, token)
109.         .then((data:http.HttpResponse)=> {
110.           if(data.responseCode == 200) {
111.             let result = JSON.parse(data.result.toString())
112.             actuatorArray[3].state = result.value[0].value == 1
113.           }
114.         })
115.
116.     //获取绿色告警指示灯执行器的遥测数据
117.     await TBCloud.telemetry(Const.tricolorlampGreenId, token)
118.       .then((data:http.HttpResponse)=> {
119.         if(data.responseCode == 200) {
120.           let result = JSON.parse(data.result.toString())
121.           actuatorArray[4].state = result.value[0].value == 1
122.         }
123.       })
124.   }
125. }
```

2. 封装告警实体类

当车间环境超出预设的安全值、被监管的物品超出设定的安全范围时，需要开启相关的告警提示。告警提示信息中需要知道告警的id、哪个传感器产生了告警、产生告警的传感器的状态以及对应的执行器是哪个、产生告警的时间等，将这些告警信息封装到告警实体类中，在model目录下创建AlarmBean告警实体类，代码如下。

```
1. @Observed
2. export default class AlarmBean {
3.    public id:number
4.    //传感器名称
5.    public sensorName:string
6.    //传感器状态
7.    public sensorState:string
8.    //执行器名称
9.    public actuatorName: string
10.   //告警信息创建时间
11.   public ctime: number
12. }
```

3. 处理告警数据

扫码观看视频

在viewmodel目录下新建AlarmViewModel类，用于按照预设的规则进行执行器设备的控制及相关消息的处理，并通过工具类EmitUtil（该工具类使用了ArtTS提供的发送和处理进程内事件的能力模块emitter，负责订阅和发送事件）将告警事件发送出去，代码如下。

```
1. //订阅与发布消息的工具类
2. import EmitUtil from '../common/util/EmitUtil'
3. //多合一传感器数据实体类
4. import SensorBean from '../common/model/SensorBean'
5. //执行器实体类
6. import ActuatorBean from '../common/model/ActuatorBean'
7. //UWB传感器数据实体类
8. import UWBSensorBean from '../common/model/UWBSensorBean'
9. //告警实体类
10. import AlarmBean from '../common/model/AlarmBean'
11.
12. export default class AlarmViewModel {
13.
14.     //判断遥测信息
15.     //参数：传感器设备的数组信息、执行器设备数组信息、布防状态、设定宽高、UWB设备对象
16.     public async operateAlarm(sensorArray:Array<SensorBean>,
17.                         actuatorArray: Array<ActuatorBean>, state: boolean,
18.                         stackWidth:number, stackHeight:number, uwbSensorBean:UWBSensorBean) {
19.
20.         let tips:string = "" //告警信息提示
21.         //温度升高 —30℃ - 风扇转动
22.         if(sensorArray[1].param > 30 && actuatorArray[0].state) {
23.           tips += "告警：温度高于30℃，风扇开始转动……"
24.           //创建告警对象，并发布消息
25.           let alarm:AlarmBean = new AlarmBean()
26.           alarm.sensorName = sensorArray[1].name
27.           alarm.sensorState = "当前温度：" + sensorArray[1].param + sensorArray[1].suffix
28.           alarm.actuatorName = "风扇转动"
29.           alarm.ctime = new Date().getTime()
30.           EmitUtil.emit({ "data": {"json": JSON.stringify(alarm)} })
31.         }
32.        //温度升高 —26℃ - 绿色告警灯亮
33.        if(sensorArray[1].param < 26 && actuatorArray[4].state) {
34.          tips += "告警：温度低于26℃，绿色告警灯 亮起……"
35.          //创建告警对象，并发布消息
36.          let alarm:AlarmBean = new AlarmBean()
37.          alarm.sensorName = sensorArray[1].name
38.          alarm.sensorState = "当前温度：" + sensorArray[1].param + sensorArray[1].suffix
39.          alarm.actuatorName = "绿色告警灯 亮起"
40.          alarm.ctime = new Date().getTime()
41.          EmitUtil.emit({ "data": {"json": JSON.stringify(alarm)} })
42.        }
```

```
43.
44.     //温度升高-26℃～30℃ - 黄色告警灯亮
45.     if(sensorArray[1].param >= 26 && sensorArray[1].param <=30
46.     && actuatorArray[3].state) {
47.       tips += "告警：温度在26℃～30℃之间，黄色告警灯 亮起……"
48.       //创建告警对象，并发布消息
49.       let alarm:AlarmBean = new AlarmBean()
50.       alarm.sensorName = sensorArray[1].name
51.       alarm.sensorState = "当前温度：" + sensorArray[1].param + sensorArray[1].suffix
52.       alarm.actuatorName = "黄色告警灯 亮起"
53.       alarm.ctime = new Date().getTime()
54.       EmitUtil.emit({ "data": {"json": JSON.stringify(alarm)} })
55.     }
56.     //物品监测 - 物品超出范围 - 黄色告警灯亮
57.     if((uwbSensorBean.posX < 0 || uwbSensorBean.posY > stackHeight
58.     || uwbSensorBean.posX > stackWidth || uwbSensorBean.posY < 0)
59.     && actuatorArray[3].state) {
60.       tips += "告警：温度在26～30℃之间，黄色告警灯 亮起……"
61.       //创建告警对象，并发布消息
62.       let alarm:AlarmBean = new AlarmBean()
63.       alarm.sensorName = uwbSensorBean.name
64.       alarm.sensorState = "当前位置：" + uwbSensorBean.posX + ":" + uwbSensorBean.posY
65.       alarm.actuatorName = "物品超出范围，黄色告警灯 亮起"
66.       alarm.ctime = new Date().getTime()
67.       EmitUtil.emit({ "data": {"json": JSON.stringify(alarm)} })
68.     }
69.     //红外 - 有人 - (撤防) - LED灯亮
70.     if(!state && sensorArray[3].param == 1 && actuatorArray[1].state) {
71.       tips += "告警：撤防状态下，有人员进入，LED灯亮起……"
72.       //创建告警对象，并发布消息
73.       let alarm:AlarmBean = new AlarmBean()
74.       alarm.sensorName = sensorArray[3].name
75.       alarm.sensorState = "撤防状态下，有人员进入"
76.       alarm.actuatorName = "LED灯 亮起"
77.       alarm.ctime = new Date().getTime()
78.       EmitUtil.emit({ "data": {"json": JSON.stringify(alarm)} })
79.     }
80.
81.     //红外 - 有人 - (布防) - 红色告警灯亮
82.     if(state && sensorArray[3].param == 1 && actuatorArray[2].state) {
83.       tips += "告警：布防状态下，有人员进入，红色告警灯 亮起……"
84.
85.       //创建告警对象，并发布消息
86.       let alarm:AlarmBean = new AlarmBean()
87.       alarm.sensorName = sensorArray[3].name
88.       alarm.sensorState = "布防状态下，有人员进入"
89.       alarm.actuatorName = "红色告警灯 亮起"
```

```
90.           alarm.ctime = new Date().getTime()
91.           EmitUtil.emit({ "data": {"json": JSON.stringify(alarm)} })
92.         }
93.         //PM2.5 - 过高 - 红色告警灯亮
94.         if(sensorArray[0].param >= 75 && actuatorArray[2].state) {
95.           tips += "告警：PM2.5高于75RM，红色告警灯 亮起……"
96.
97.           //创建告警对象，并发布消息
98.           let alarm:AlarmBean = new AlarmBean()
99.           alarm.sensorName = sensorArray[0].name
100.          alarm.sensorState = "当前状态：" + sensorArray[0].param + sensorArray[0].suffix
101.          alarm.actuatorName = "红色告警灯 亮起"
102.          alarm.ctime = new Date().getTime()
103.          EmitUtil.emit({ "data": {"json": JSON.stringify(alarm)} })
104.        }
105.        //CO2 - 过高 - 红色告警灯亮
106.        //1000 ~ 2000ppm：感觉空气浑浊，并开始觉得昏昏欲睡
107.        //2000 ~ 5000ppm：感觉头痛、嗜睡、呆滞、注意力无法集中、心跳加速、轻度恶心
108.        //大于5000ppm：可能导致严重缺氧，造成永久性脑损伤、昏迷，甚至死亡
109.        if(sensorArray[5].param >= 2000 && actuatorArray[2].state) {
110.          tips += "告警：二氧化碳高于3000PPM，红色告警灯 亮起……"
111.
112.          //创建告警对象，并发布消息
113.          let alarm:AlarmBean = new AlarmBean()
114.          alarm.sensorName = sensorArray[5].name
115.          alarm.sensorState = "当前状态：" + sensorArray[5].param + sensorArray[5].suffix
116.          alarm.actuatorName = "红色告警灯 亮起"
117.          alarm.ctime = new Date().getTime()
118.          EmitUtil.emit({ "data": {"json": JSON.stringify(alarm)} })
119.        }
120.        //湿度 - 过高 - 红色告警灯亮
121.        if(sensorArray[2].param >= 80 && actuatorArray[2].state) {
122.          tips += "告警：湿度高于80%rh，红色告警灯 亮起……"
123.          //创建告警对象，并发布消息
124.          let alarm:AlarmBean = new AlarmBean()
125.          alarm.sensorName = sensorArray[2].name
126.          alarm.sensorState = "当前状态：" + sensorArray[2].param + sensorArray[2].suffix
127.          alarm.actuatorName = "红色告警灯 亮起"
128.          alarm.ctime = new Date().getTime()
129.          EmitUtil.emit({ "data": {"json": JSON.stringify(alarm)} })
130.        }
131.        return tips
132.    }
133. }
```

到这里，就获取到了告警数据，接下来就可以展示告警数据了。

4. 展示告警数据

告警数据具有明显的列表数据特征，可以设计展示单个列表数据的组件；同时，告警数据将存放在数据库中。关于数据库的相关操作，这里不展开讲解，直接使用封装好的操作数据库的类完成数据库的操作（数据库的操作提供了完整的视频，请关注相关的视频学习）。

扫码观看视频

扫码观看视频

扫码观看视频

扫码观看视频

扫码观看视频

由于告警功能需要操作数据库，因此先在EntryAbility文件中导入数据库的操作类和告警实体类，并在onCreate()方法中初始化数据库操作对象，并将该对象使用golbalThis保存为全局变量，代码如下。

```
1. import BaseDao from '../common/database/BaseDao'
2. import AlarmBean from '../common/model/AlarmBean'
3.
4. export default class EntryAbility extends UIAbility {
5.        onCreate(want, launchParam) {
6.            …
7.                //将关系型数据对象进行保存
8.                let dao: BaseDao<AlarmBean> = new BaseDao()
9.                dao.init(this.context, BaseDao.alarmTableCreateSQL)
10.               globalThis.dao = dao
11.        }
12.    …
13. }
```

在view目录下新建Alarm组件，用于展示设备的实时状态和告警数据，代码如下。

```
1. //一级标题组件
2. import TitleComponent from '../common/component/TitleComponent'
3. //二级标题组件
4. import SecondTitleComponent from '../common/component/SecondTitleComponent'
5. //告警实体类
6. import AlarmBean from '../common/model/AlarmBean'
7. //执行器实体类
8. import ActuatorBean from '../common/model/ActuatorBean'
9. //日期工具类
10. import DateUtil from '../common/util/DateUtil'
11. //数据库操作类
12. import BaseDao from '../common/database/BaseDao'
13. //消息提示工具类
14. import ToastUtil from '../common/util/ToastUtil'
15. //设备类型对应的枚举类
16. import {TypeEnum} from '../common/util/TypeEnum'
17. //与ThingsBoard数据交互的类
18. import TBCloud from '../api/TBCloud'
```

```
19. //用来存放常量数据信息
20. import  Const from '../common/util/Const'
21.
22. @Component
23. export default struct Alarm {
24.
25.     @Link alarmArray:Array<AlarmBean>                                //告警数据集
26.     @Link arming:boolean                                             //布防/撤防状态标志
27.     @Link actuators:Array<ActuatorBean>                              //执行器数据集
28.
29.     build() {
30.         Column({space: 10}) {
31.             //一级标题
32.             TitleComponent({title: "设备告警"})
33.             //告警信息提示
34.             Row({space: 10}) {
35.                 Image($r("App.media.tishi")).width(30).height(30).fillColor($r("App.color.App_data"))
36.                 Text("告警信息" + ",告警数量：" + this.alarmArray.length )
37.                     .fontSize(20).fontColor($r("App.color.App_nomral"))
38.             }.width("95%").height(35)
39.
40.             //执行器部分
41.             Column() {
42.                 //二级标题：执行器
43.                 SecondTitleComponent({title:"执行器"})
44.                 Row() {
45.                     //布防/撤防
46.                         Text("撤防").fontColor(this.arming?$r("App.color.App_nomral"):$r("App.color.App_
                        light")).fontSize(20)
47.                         Toggle({isOn:this,arming,type:ToggleType.Switch}).selectedColor($r("App.color.App_
                        light"))
48.                     .onChange(isOn=> {
49.                     this.arming = isOn
50.                     TBCloud.motify(Const.arminToken,this.arming?1:0)
51.                 })
52.                 Text("布防").fontColor(this.arming?$r("App.color.App_light"):$r("App.color.App_nomral")).
                fontSize(20)
53.             }.backgroundColor("#F1F2F3").justifyContent(FlexAlign.Center)
54.             .width("95%")
55.             .height(50)
56.             .margin({top:10})
57.             .border({width:1, color:$r("App.color.App_light"), radius: 20})
58.             //执行器设备
59.             Flex({direction:FlexDirection.Row,
60.             wrap: FlexWrap.Wrap,
61.             justifyContent:FlexAlign.SpaceEvenly,
62.             alignItems:ItemAlign.Center}) {
```

```
63.          //执行器设备列表
64.          ForEach(this.actuators, (item:ActuatorBean)=> {
65.            //单个执行器
66.            ActuatorItem({actuator: item})
67.          })
68.        }.width("100%").padding(10)
69.      }.width("95%")
70.      .backgroundColor(Color.White)
71.      .borderRadius(15)
72.      .border({width:1, color: $r("App.color.App_light")})
73.
74.      //告警信息部分
75.      Column() {
76.        //二级标题：告警信息
77.        SecondTitleComponent({title:"告警信息"})
78.        List() {
79.          //告警数据列表
80.          ForEach(this.alarmArray, (item:AlarmBean, index:number)=> {
81.            ListItem() {
82.              //展示单个告警数据
83.              AlarmItem({alarm: item, index: index, alarmArray: $alarmArray})
84.            }
85.          })
86.        }.width("95%").layoutWeight(1).margin({top:10})
87.        .divider({strokeWidth: 1, color: "#EEEEEE", startMargin: 20, endMargin: 20 })
88.      }.width("95%")
89.      .backgroundColor(Color.White)
90.      .borderRadius(15)
91.      .border({width:1, color: $r("App.color.App_light")})
92.      .layoutWeight(1)
93.    }.width("100%").height("100%")
94.  }
95. }
96.
97. //展示单个告警数据的组件
98. @Component
99. struct AlarmItem {
100.  @Link alarmArray: Array<AlarmBean>                    //告警数据集
101.  private alarm:AlarmBean                               //告警实体对象
102.  private index:number                                  //告警数据列表的索引
103.
104.  build() {
105.    Column() {
106.      Row() {
107.        Image($r("App.media.gaojing")).width(30).height(30)
108.          .fillColor($r("App.color.App_data"))
```

```
109.            Column() {
110.              Text(this.alarm.sensorName + "传感器").fontSize(20)
111.                .fontColor($r("App.color.App_light"))
112.                .width("100%").textAlign(TextAlign.Start)
113.              Text(this.alarm.sensorState).fontSize(20)
114.                .fontColor($r("App.color.App_light"))
115.                .fontWeight(FontWeight.Bold)
116.                .width("100%").textAlign(TextAlign.Start)
117.              Text(this.alarm.actuatorName).fontSize(20)
118.                .fontColor($r("App.color.App_data"))
119.                .width("100%").textAlign(TextAlign.Start)
120.            }.layoutWeight(1).height("100%").justifyContent(FlexAlign.Center)
121.            .margin({left: 30})
122.            Text(DateUtil.parseDateStr(this.alarm.ctime)).fontSize(18)
123.              .fontColor($r("App.color.App_data"))
124.              .width(120).textAlign(TextAlign.Center)
125.          }.width("100%").height(100)
126.          .justifyContent(FlexAlign.SpaceBetween)
127.          .alignItems(VerticalAlign.Center)
128.        }.onClick(()=> {
129.          //弹框提示，确定删除后，删除告警项
130.          AlertDialog.show({
131.            title: '告警删除',
132.            message: '您确定删除该告警信息吗？',
133.            autoCancel: true,
134.            offset: {dy: -20, dx: 0},
135.            gridCount: 4,
136.            alignment: DialogAlignment.Bottom,
137.            primaryButton: {
138.              value: "取消",
139.              fontColor: Color.Gray,
140.              action: ()=> {}
141.            },
142.            secondaryButton: {
143.              value: "确定",
144.              fontColor: Color.Red,
145.              action: ()=> {
146.                //删除数组中的数据
147.                this.alarmArray.splice(this.index, 1)
148.                //删除数据库中的数据
149.                let dao:BaseDao<AlarmBean> = globalThis.dao
150.                let alarm:AlarmBean = new AlarmBean()
151.                alarm.id = this.alarm.id
152.                dao.delete(alarm)
153.                //提示
```

```
154.                ToastUtil.show("删除成功...")
155.              }
156.            }
157.        })
158.      })
159.    }
160. }
161. //展示单个执行器数据
162. @Component
163. struct ActuatorItem {
164.   @ObjectLink actuator:ActuatorBean
165.   build() {
166.     Column() {
167.       Image(this.choiceImgResource(this.actuator)).width(30).height(30)
168.         .fillColor(this.choiceColor(this.actuator.state, this.actuator.type))
169.       Text(this.actuator.name)
170.         .fontSize(20)
171.         .fontColor($r("App.color.App_data"))
172.         .margin({top: 5})
173.     }.width(100).height(90).justifyContent(FlexAlign.Center)
174.     .alignItems(HorizontalAlign.Center)
175.     .margin({bottom: 5})
176.     .backgroundColor("#F1F2F3")
177.     .border({width: 1, radius: 10, color: $r("App.color.App_light")})
178.   }
179.   //颜色选择
180.   public choiceColor(state: boolean, type:TypeEnum) {
181.     let map:Map<TypeEnum, Color> = new Map()
182.     map.set(TypeEnum.LED, Color.White)
183.     map.set(TypeEnum.RED, Color.Red)
184.     map.set(TypeEnum.YELLOW, Color.Yellow)
185.     map.set(TypeEnum.GREEN, Color.Green)
186.     if(state) {
187.       return map.get(type)
188.     }
189.     return $r("App.color.App_nomral")
190.   }
191.   //图片资源选择
192.   public choiceImgResource(actuator:ActuatorBean):Resource {
193.     if(actuator.type == TypeEnum.FAN) {
194.       return actuator.state ? $r("App.media.fengshan_zhuan"):actuator.icon
195.     }
196.     return actuator.icon
197.   }
198. }
```

5. 实现告警数据可视化

在Index.ets文件中，添加“设备告警”页面要导入的组件或模块，将“设备告警”的内容子组件由原来的Text("设备告警数据展示页")替换成Alarm组件，同时修改对UWB物品监测时设置的黄色告警灯的初始化代码（改成物品监测对象初始化），订阅告警数据，在数据库中操作告警数据等，实现布防/撤防、执行器设备的在线与离线、告警数据的展示和删除等数据可视化，“设备告警”页展示的效果如图10-2所示。

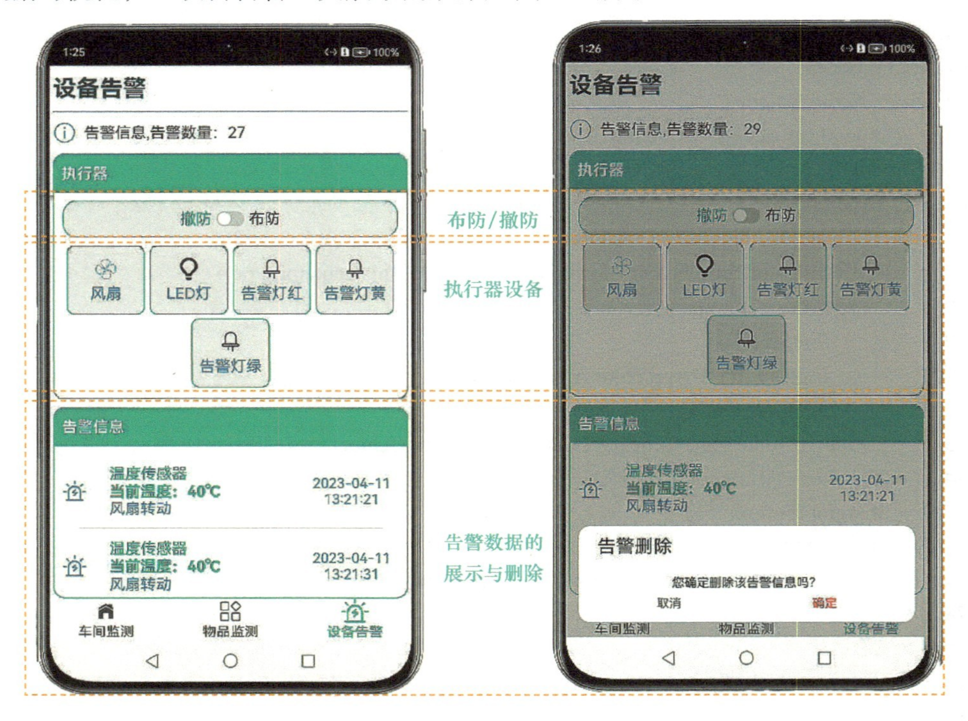

图10-2 “设备告警”页展示的效果

任务执行到这里，已经完成了主页的开发。为了方便核对代码，这里将Index.ets的完整代码进行呈现，读者在实现告警数据可视化时，只需要新增相关的代码即可。Index.ets的完整代码如下。

```
1. // “车间监测”页面要导入的组件或模块
2. import Sensor from '../view/Sensor'
3. //页面路由
4. import router from '@ohos.router';
5. //传感器实体类
6. import SensorBean from '../common/model/SensorBean'
7. //获取多合一传感器数据的业务逻辑类
8. import SensorViewModel from '../viewmodel/SensorViewModel'
9.
10. // “物品监测”页面要添加导入的组件或模块
11. //UWB设备的数据实体类
```

```
12. import UWBSensorBean from '../common/model/UWBSensorBean'
13. //执行器实体类
14. import ActuatorBean from '../common/model/ActuatorBean'
15. //获取UWB设备信息的业务逻辑类
16. import UWBSensorViewModel from '../viewmodel/UWBSensorViewModel'
17. //展示UWB数据的UWBSensor组件
18. import UWBSensor from '../view/UWBSensor'
19.
20. // "设备告警"页面要添加导入的组件或模块
21. //告警实体类
22. import AlarmBean from '../common/model/AlarmBean'
23. //展示告警数据的Alarm组件
24. import Alarm from '../view/Alarm'
25. //获取执行器、布防/撤防遥测数据的业务类
26. import ActuatorViewModel from '../viewmodel/ActuatorViewModel'
27. //处理告警数据的业务类
28. import AlarmViewModel from '../viewmodel/AlarmViewModel'
29. //订阅与发送数据的工具类
30. import EmitUtil from '../common/util/EmitUtil'
31. //进程内事件的能力模块emitter，负责订阅和发送事件
32. import emitter from '@ohos.events.emitter';
33. //操作数据库的工具类
34. import BaseDao from '../common/database/BaseDao'
35. //关系型数据库的操作模块
36. import rdb from '@ohos.data.rdb';
37.
38. @Entry
39. @Component
40. struct Index {
41.   @State tabsIndex:number = 0
42.
43.   //登录的token信息
44.   private token:string = ""
45.
46.   //车间环境监测页数据信息
47.   @State sensors:Array<SensorBean> = new Array()
48.   @State tips:string = "暂无消息……"
49.
50.   @State actuators:Array<ActuatorBean> = new Array()
51.   @State arming:boolean = false //是否布防
52.
53.   //物品监测页数据信息
54.   @State uwbSensorBean:UWBSensorBean = new UWBSensorBean()
```

```
55.  @State yellowActuator:ActuatorBean = new ActuatorBean()
56.  @State stackWidth:number = 227
57.  @State stackHeight:number = 156
58.
59.  //设备告警页数据信息
60.  @State alarms:Array<AlarmBean> = new Array()
61.  //数据库操作
62.  private dao:BaseDao<AlarmBean> = globalThis.dao
63.
64.  @Builder
65.  public bottomButton(msg:string, icon:Resource, index:number) {
66.      Column() {
67.          Image(icon).width(35).height(35).fillColor(
68.              index==this.tabsIndex?$r("App.color.App_light"):$r("App.color.App_nomral"))
69.          Text(msg).fontSize(18).fontColor(
70.              index==this.tabsIndex?$r("App.color.App_light"):$r("App.color.App_nomral"))
71.      }.width("100%").justifyContent(FlexAlign.Center)
72.      .alignItems(HorizontalAlign.Center)
73.  }
74.
75.  aboutToAppear() {
76.    //登录成功后，获取由登录页面跳转到主页时传递过来的ACCESS_TOKEN
77.    this.token = router.getParams()["token"]
78.
79.    //传感器对象初始化
80.    let sensorViewModel:SensorViewModel = new SensorViewModel()
81.    this.sensors = sensorViewModel.initSensorData()
82.    //执行器对象初始化
83.    let actuatorViewModel:ActuatorViewModel = new ActuatorViewModel()
84.    this.actuators = actuatorViewModel.initActuatorData()
85.
86.    //布防/撤防的遥测信息测试
87.    actuatorViewModel.getArmingTelemetry(this.token).then(res=> this.arming = res)
88.    //物品监测对象初始化
89.    let uwbSensorViewModel:UWBSensorViewModel = new UWBSensorViewModel()
90.    this.yellowActuator = this.actuators[3]
91.    this.uwbSensorBean = uwbSensorViewModel.initSensorData()
92.
93.    //查看数据库中是否有告警信息取出
94.    this.dao.all(new AlarmBean(), (set:rdb.ResultSet)=> {
95.        while(set.goToNextRow()) {
96.            let alarm:AlarmBean = new AlarmBean()
97.            alarm.id = set.getLong(set.getColumnIndex("ID"))
```

```
98.             alarm.sensorName = set.getString(set.getColumnIndex("SENSORNAME"))
99.             alarm.sensorState = set.getString(set.getColumnIndex("SENSORSTATE"))
100.            alarm.actuatorName = set.getString(set.getColumnIndex("ACTUATORNAME"))
101.            alarm.ctime = set.getLong(set.getColumnIndex("CTIME"))
102.            this.alarms.push(alarm)
103.          }
104.        })
105.
106.        //开启订阅模式
107.        EmitUtil.on((event:emitter.EventData)=> {
108.            //收到数据并保存至集合中
109.            let alarm:AlarmBean = JSON.parse(event.data.json)
110.            this.alarms.push(alarm)
111.            //收到数据并保存至数据库中
112.            this.dao.insert(alarm)
113.        })
114.
115.        let alarmViewModel:AlarmViewModel = new AlarmViewModel()
116.        setInterval(async ()=> {
117.              //车间监测遥测数据获取
118.        await sensorViewModel.getSensorTelemetry(this.sensors, this.token)
119.        await actuatorViewModel.getActuatorTelemetry(this.actuators, this.token)
120.        //物品监测遥测数据获取
121.        await uwbSensorViewModel.getTelemetry(this.uwbSensorBean, this.token)
122.        //告警信息判断
123.        await alarmViewModel.operateAlarm(this.sensors, this.actuators, this.arming,
124.              this.stackWidth, this.stackHeight, this.uwbSensorBean)
125.              .then(val => this.tips = val)
126.
127.      }, 10000)
128.
129.  }
130.
131.  build() {
132.    Column() {
133.        Tabs({barPosition: BarPosition.End,
134.              index: 0 }) {
135.            TabContent() {
136.                Sensor({sensors: $sensors, tips: $tips})
137.            }.tabBar(this.bottomButton("车间监测", $r("App.media.chejian"), 0))
138.            TabContent() {
139.                UWBSensor({uwbSensorBean:$uwbSensorBean, yellowActuator: $yellowActuator,
140.                    setWidth:$stackWidth, setHeight:$stackHeight })
```

```
141.             }.tabBar(this.bottomButton("物品监测", $r("App.media.shebei"), 1))
142.             TabContent() {
143.                 Alarm({alarmArray:$alarms, arming:$arming, actuators:$actuators})
144.             }.tabBar(this.bottomButton("设备告警", $r("App.media.gaojing"), 2))
145.         }.width("100%").height("100%")
146.         .onChange(index => this.tabsIndex = index)
147.     }
148.     .height('100%').width("100%")
149.   }
150. }
```

6. 验证

使用模拟器运行应用，参考任务9中测试规则链的步骤，通过MQTTBox模拟CO_2传感器和红色告警灯执行器设备，发送不同的遥测数据，观察“车间监测”页和“物品监测”页的变化情况。

通过MQTTBox先发送CO_2的遥测数据3333，到App页面中，观察到“车间监测”页面的CO_2传感器设备是在线状态，数据值为3333，告警提示栏有CO_2超标的告警提示及“设备告警”页面红色告警灯亮的数据，如图10-3所示。

发送CO_2的值为1111，到App查看，观察“车间监测”页面的CO_2传感器设备数据值为1111，告警提示栏CO_2超标的告警提示消失了，“设备告警”页面红色告警灯变灰，如图10-4所示。

更多的测试，读者可自行完成，这里不再展开。

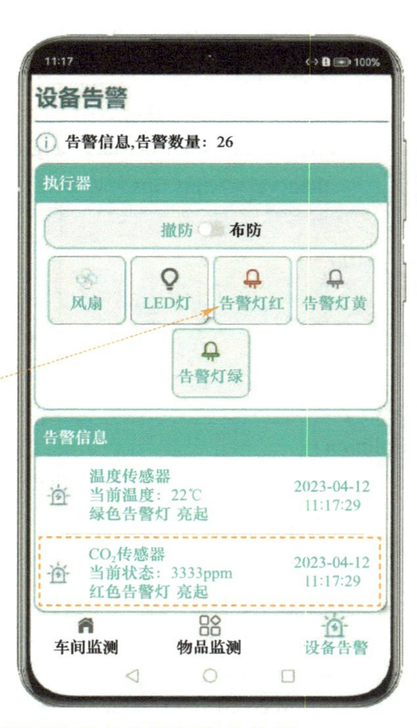

图10-3　查看CO_2传感器的数据以及红色告警灯亮的数据

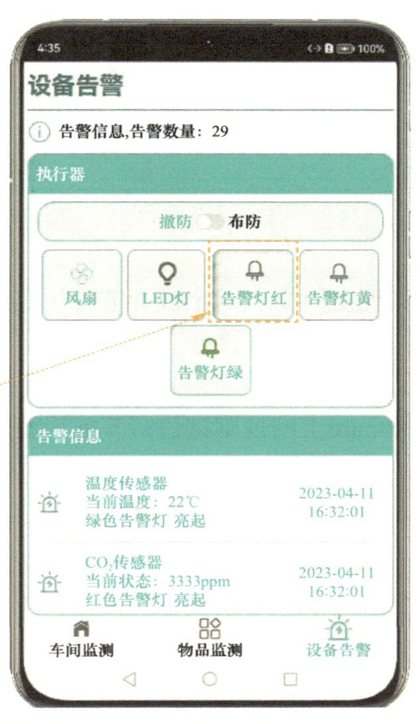

图10-4 查看CO_2传感器的数据以及红色告警灯变灰

任务小结

本任务配合上一个任务的规则链使用，当智慧工厂中被监测的各项传感数据达到预定阈值时，在ThingsBoard中设置好的规则链对执行器设备进行了自动控制。本任务实现了从ThingsBoard中获取执行器设备的实时状态数据，并显示在App的不同页面上，完成了自动告警数据的可视化开发。

任务11 对接物联网全栈智能应用实训系统设备

任务描述

本任务实现使用物联网全栈智能应用实训系统中的设备，将设备按接线图进行连接，在物联网中心网关上配置连接器，添加传感器和执行器，并将数据通过物联网中心网关上报到ThingsBoard，与前面的任务进行对接，实现在“智慧工厂”App上展现真实的设备数据，并能依据ThingsBoard上的规则链进行真实设备的自动控制。

学习目标

知识目标

- 了解物联网设备的接线方式；
- 了解将设备接入物联网中心网关的过程。

能力目标

- 能按接线图连接好设备；
- 能将设备接入物联网中心网关；
- 能通过物联网中心网关向ThingsBoard上报数据；
- 能用真实设备验证规则链的正确性；
- 能解决使用真实设备时出现的问题。

素质目标

- 能够独立思考和解决问题，具备分析问题和解决问题的能力；
- 能够提出新的想法和解决方案，具备创新能力和冒险精神，不断探索和尝试新的技术；
- 培养可持续发展能力：利用书籍或网络上的资料帮助解决实际问题。

任务实施

物联网全栈智能应用实训系统（NLE-ENC1200，2023版）是北京新大陆时代科技有限公司基于物联网感知识别、网络通信、平台应用、实训场景等架构体系设计并开发的竞赛实训产品，以培养物联网行业应用综合化技能型人才为目的，面向物联网、计算机、电子、网络通信等相关专业，可支持物联网相关专业竞赛、实训、教学需求。

本任务要完成“智慧工厂”App对接物联网全栈智能应用实训系统中的部分真实设备，应先规划设备的地址，再将设备接入物联网中心网关（简称中心网关）上，在中心网关上配置传感器和执行器，最后对接中心网关与ThingsBoard，完成真实的设备连接、传感数据采集、数据上报、控制指令下发等功能。

1. 规划设备的IP地址

在“智慧工厂”App项目应用到的设备中，需要配置IP地址的设备有路由器、中心网关、IoT网络数据采集器、UWB定位解算终端和PC，这些设备需要处于同一个局域网内，如图11-1所示。

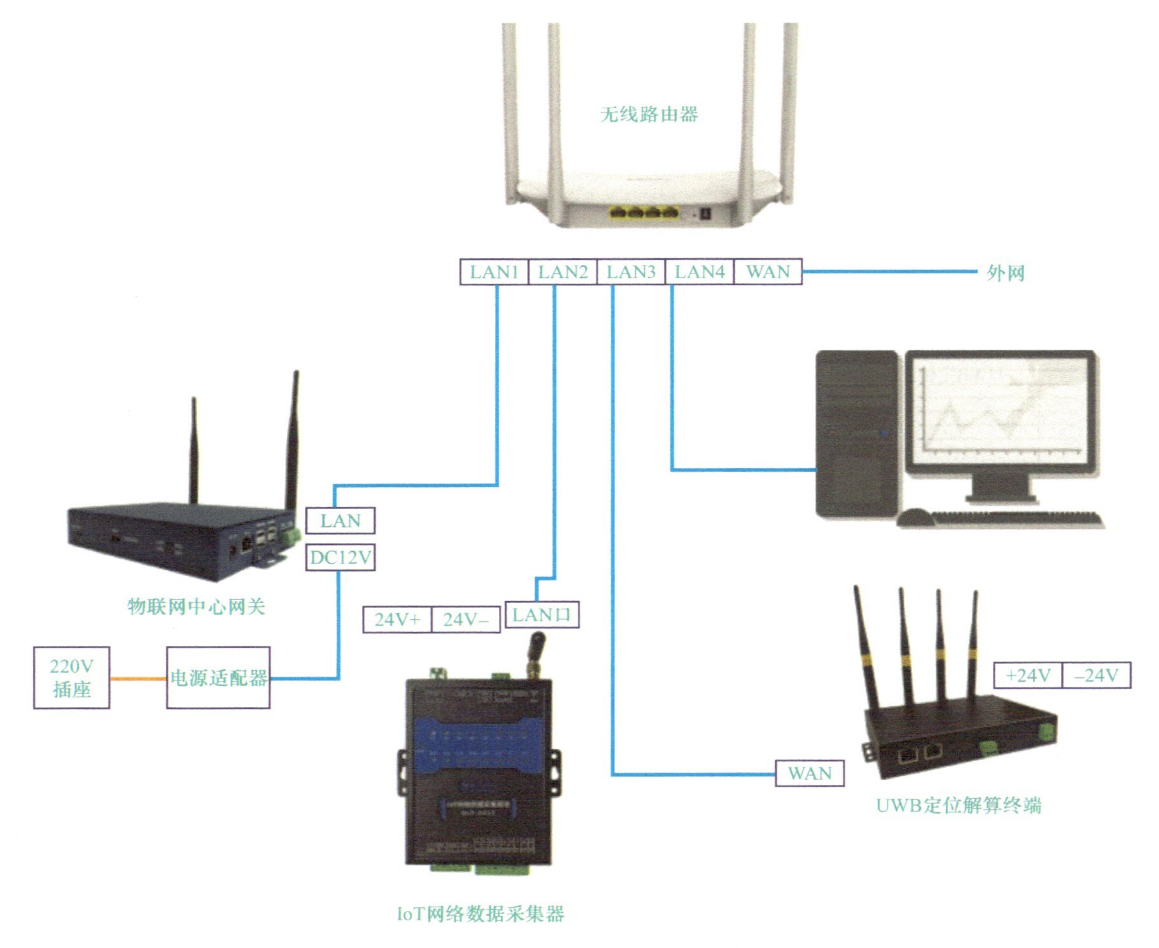

图11-1 需要配置IP地址的设备

经过规划，各设备的IP地址见表11-1。

表11-1 各设备的IP地址

序号	设备名称	设备配置	设备图片
1	无线路由器	192.168.0.1 255.255.255.0	
2	物联网中心网关	192.168.0.100 255.255.255.0	
3	IoT网络数据采集器	192.168.0.20 255.255.255.0	
4	UWB定位解算终端	192.168.0.201 255.255.255.0	
5	PC	自动获取IP地址	

在实际配置时，路由器的IP应依据用户所在的网络环境进行配置，并确保路由器能连接外部网络，其他4个设备，应设置为静态IP地址。这一步的配置如果有困难，请查阅物联网全栈智能实训系统的相关设备操作说明，这里不做具体的讲解。

2. 登录物联网中心网关

物联网中心网关是传感设备和控制设备与物联网平台的联结桥梁，它可实现数据采集、协议转换、数据预处理等功能。集成包括Modbus、TCP、HTTP、MQTT等通用协议及各种设备私有协议，可以对接RS485总线、CAN总线、ZigBee网络、LoRa网络、以太网络等多种网络，具备强大的对接能力，并支持自主开发，实现对下挂设备的数据采集、数据解析、状态监控、策略控制等操作，可以把中心网关看作一台运行着Ubuntu操作系统的计算机，各种连接器就是运行在这台计算机上的各种应用。

在“智慧工厂”App项目中，中心网关上外部接口的连接设备情况如图11-2所示。

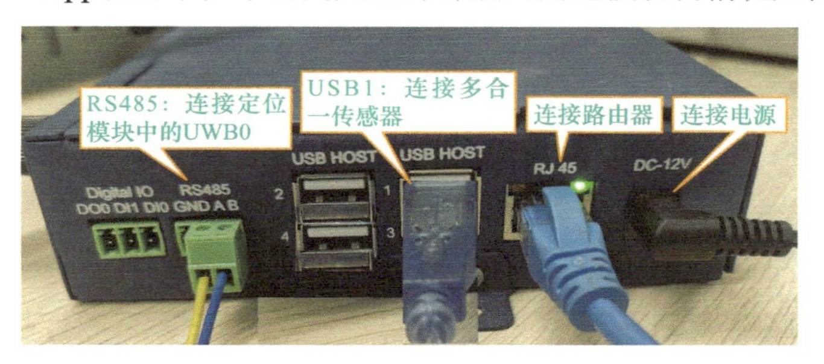

图11-2　中心网关上外部接口的连接设备情况

中心网关的外部接口有：2个数字量输入引脚（DI0和DI1）、1个数字量输出引脚（DO0）、1个3引脚的RS485接口（一个RS485接口可以直接连接到RS485设备，Ubuntu中这个RS485接口的设备名是/dev/ttys3）、4个USB接口（串行设备可以通过转换器连接到4个USB端口之一，这4个USB端口在Ubuntu中有设备名：/dev/ttyusb1～4）。

按照分配的IP地址，通过浏览器打开并登录中心网关，中心网关的用户名和密码都是newland，如图11-3所示。

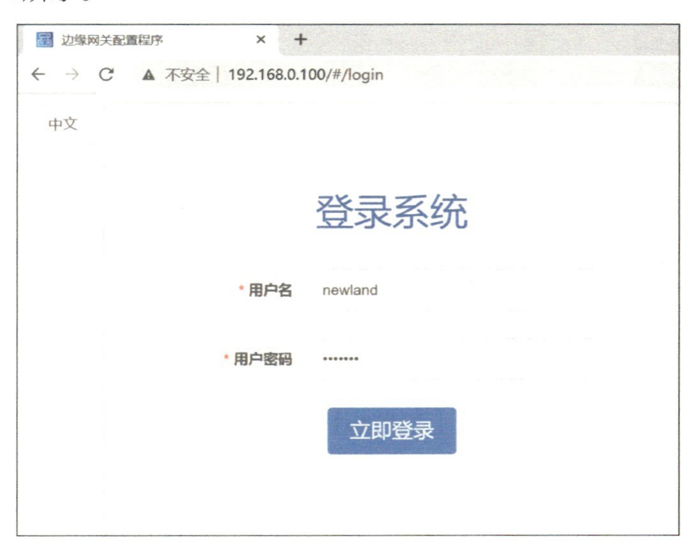

图11-3　登录中心网关

中心网关需要从Docker仓库拉取镜像文件，为保证后续数据无误，应先检查并核对中心网关的固件包版本，这里使用的固件包版本是1.3.0，如图11-4所示。

如果固件包版本低于此版本，则参考物联网全栈智能实训系统的相关资料进行中心网关的固件包升级。

核对完固件包版本后，需要设置从Docker公有仓库下载镜像，设置Docker库地址如图11-5所示。

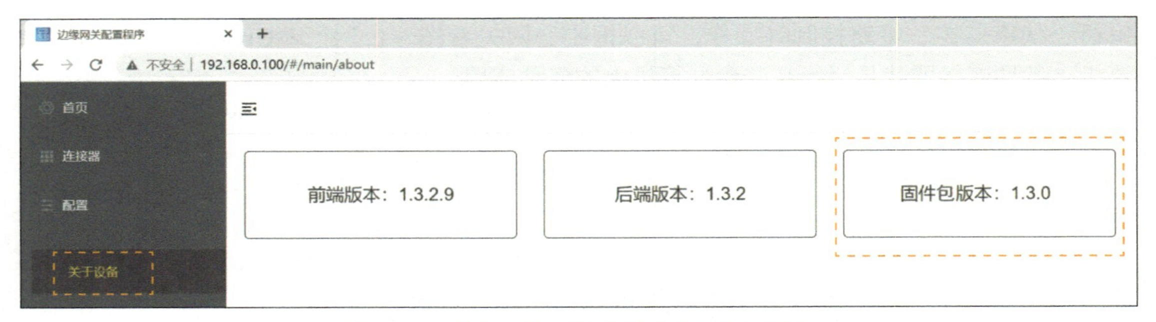

图11–4　检查并核对中心网关的固件包版本

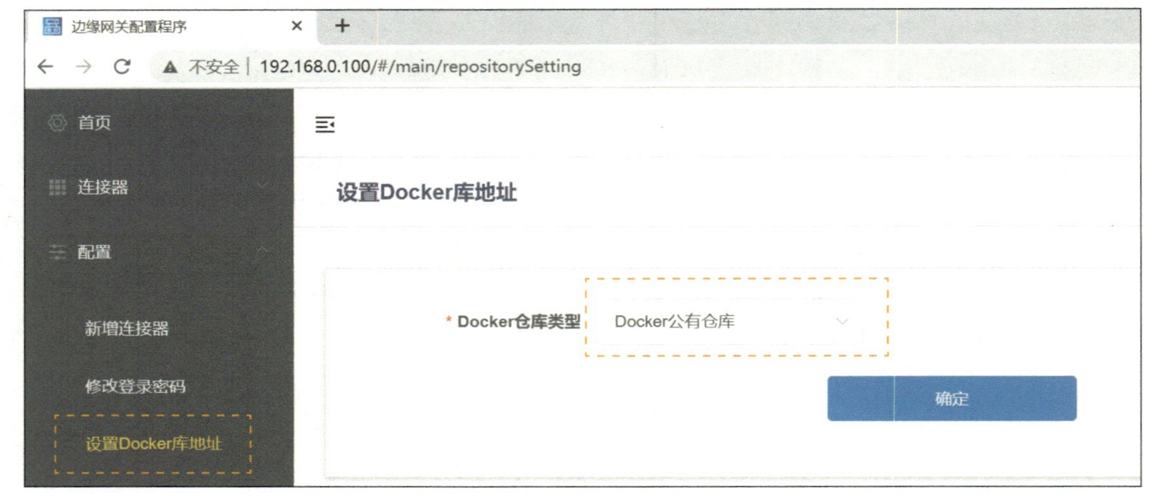

图11–5　设置Docker库地址

中心网关登录成功后，接下来就将“智慧工厂”App项目的设备接入中心网关，并在中心网关上配置相应的传感器设备和执行器设备。

3. 接入IoT网络数据采集器

IoT网络数据采集器（简称IoT采集器）只能采集模拟量（电流值）和数字量，然后通过RS485读取采集到的值，在中心网关上配置IoT采集器对应的连接器，再在连接器上添加传感器或执行器设备，通过IoT采集器将采集到的数据传输至中心网关，而中心网关下发的控制指令将通过IoT采集器传递到执行器，从而实现设备控制。

（1）设备接线说明

在“智慧工厂”App项目中，IoT采集器用来连接执行器，实现LED灯、风扇和告警灯的控制，请参考配套资源中提供的设备接线图将设备连接好。

（2）在中心网关上新增IoT连接器

打开中心网关左侧菜单栏中的“新增连接器”，选择“网络设备”，设置网络设备连接器名称为“iot1”，网络设备连接器类型选择“Modbus over TCP”，Modbus类型选择“NLE MODBUS COMMON”，如图11-6所示。

接下来，需要在连接器上添加对应的执行器设备，以实现设备控制。

图11-6　新增连接器iot1

（3）IoT采集器设备地址说明

IoT采集器的从机地址默认为01，如果需要修改地址，请查阅物联网全栈智能应用实训系统安装部署手册。

IoT采集器提供了DI口用于连接数字量的传感设备，DO口用于连接执行器设备进行设备控制，AI口用于连接模拟量的传感设备。IoT采集器上面连接的设备，寄存器地址说明如下：

1）DI口寄存器起始地址1～8口，分别对应03 e9～03 f0，数据长度均为00 01，功能码为02；

2）DO口寄存器起始地址1～8口，分别对应00 01～00 08，数据长度均为00 01，功能码为01；

3）AI口电流寄存器起始地址0～2口，分别对应0d ad～0d af，数据长度均为00 01，功能码为04；

4）AI口电压寄存器起始地址0～2口，分别对应0b b9～0b bb，数据长度均为00 01，功能码为04。

以本任务使用到的执行器为例，各设备连接到IoT采集器的接口情况如图11-7所示。

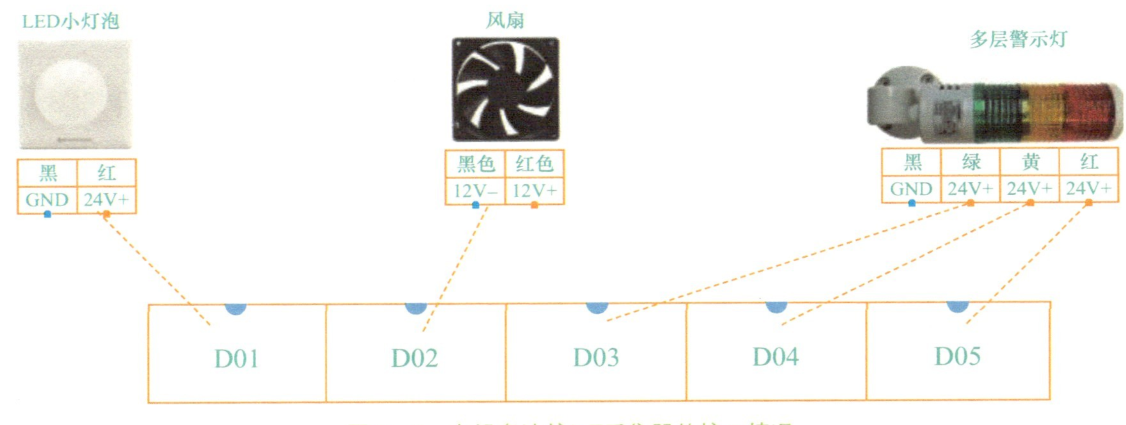

图11-7　各设备连接IoT采集器的接口情况

由IoT采集器的寄存器地址说明，推断出各设备的寄存器地址如下：

1）LED小灯泡接在DO1口，寄存器起始地址为0001；

2）风扇接在DO2口，寄存器起始地址为0002；

3）绿色告警灯接在DO3口，寄存器起始地址为0003；

4）黄色告警灯接在DO4口，寄存器起始地址为0004；

5）红色告警灯接在DO5口，寄存器起始地址为0005。

（4）给连接器添加执行器设备

接下来需要在连接器中新增执行器设备。在本任务中，需新增的执行器设备如图11-8所示。

图11-8 连接器“iot1”上的执行器设备

在新建好的“iot1”连接器中，新增执行器时需要填写的参数说明如下：

1）设备IP：IoT采集器的IP地址，在本任务中分配的IP为192.168.0.20；

2）设备端口：IoT采集器的端口号为502；

3）从机地址：IoT采集器的从机地址为01；

4）功能号：执行器为01；

5）起始地址：设备接入的端口对应起始地址。

按照设备的参数说明，新增各个执行器，配置信息见表11-2。

表11-2 "iot1"连接器的执行设备配置信息

传感名称	标识名称	设备IP	设备端口	从机地址	功能号	起始地址
led小灯泡	LED	192.168.0.20	502	01	01	0001
风扇	Fan					0002
三色告警灯_绿	Tricolorlamp_green					0003
三色告警灯_黄	Tricolorlamp_yellow					0004
三色告警灯_红	Tricolorlamp_red					0005

配置信息如图11-9和图11-10所示。因为是执行器，所以操作公式和采样公式不用填写。

（5）在中心网关上监测设备的控制情况

打开中心网关的"数据监控"页，选择"iot1"连接器，单击各个按钮的开与关，同时观察连接在IoT采集器上的设备，验证能够在中心网关上操作各个设备的打开与关闭，如图11-11所示。

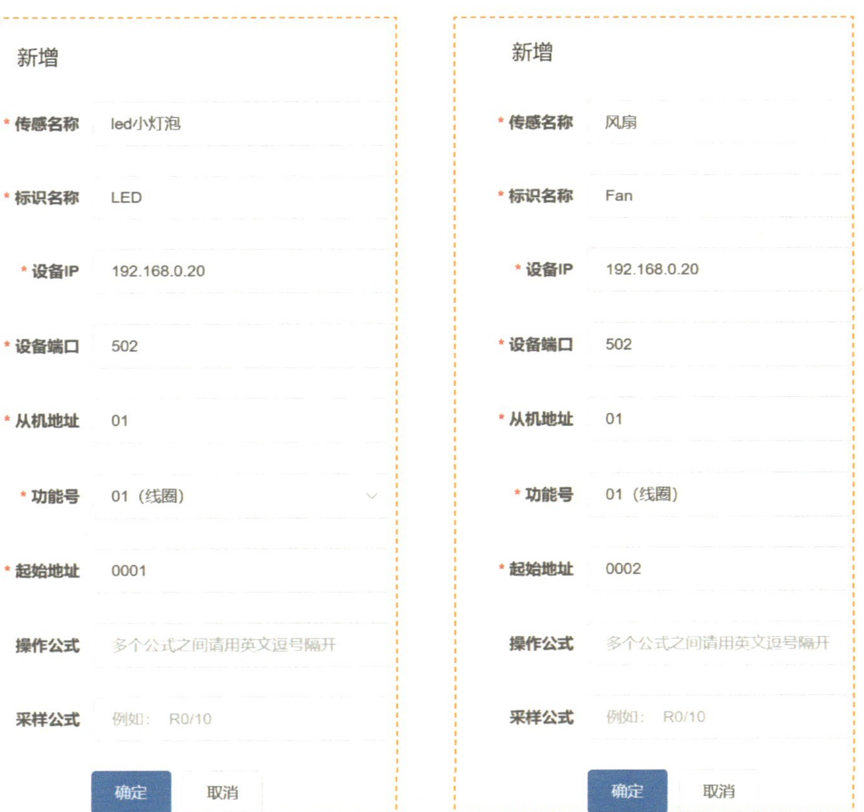

图11-9 连接器"iot1"上的执行器设备（LED灯和风扇）配置信息

图11-10　连接器“iot1”上的执行器设备（多层告警灯）配置信息

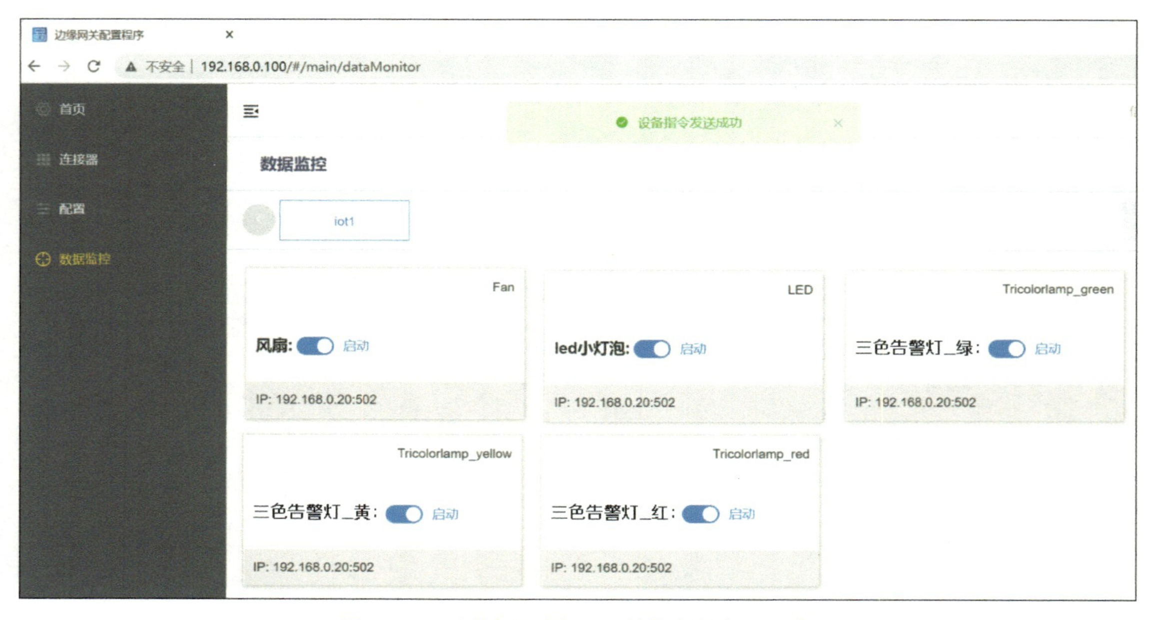

图11-11　测试通过中心网关控制执行器设备

在中心网关上打开多层告警灯的效果如图11-12所示。

如果能正确控制执行器设备的打开与关闭，则这一部分的配置就完成了。如果不能控制，则需要检查各项配置参数是否正确。

图11-12 打开多层告警灯的效果

4. 接入多合一传感器

在“智慧工厂”App的“车间监测”页面，监测车间环境使用到的设备是多合一传感器，在本任务中，从多合一传感器中采集温度、湿度、PM2.5、CO_2（二氧化碳）、大气压和人体红外的传感数据。

（1）设备接线说明

多合一传感器通过RS485转RS232无源转换器将RS485转成RS232，再通过RS232转串口线连接至中心网关的USB1口，将多合一传感器接入中心网关如图11-13所示。

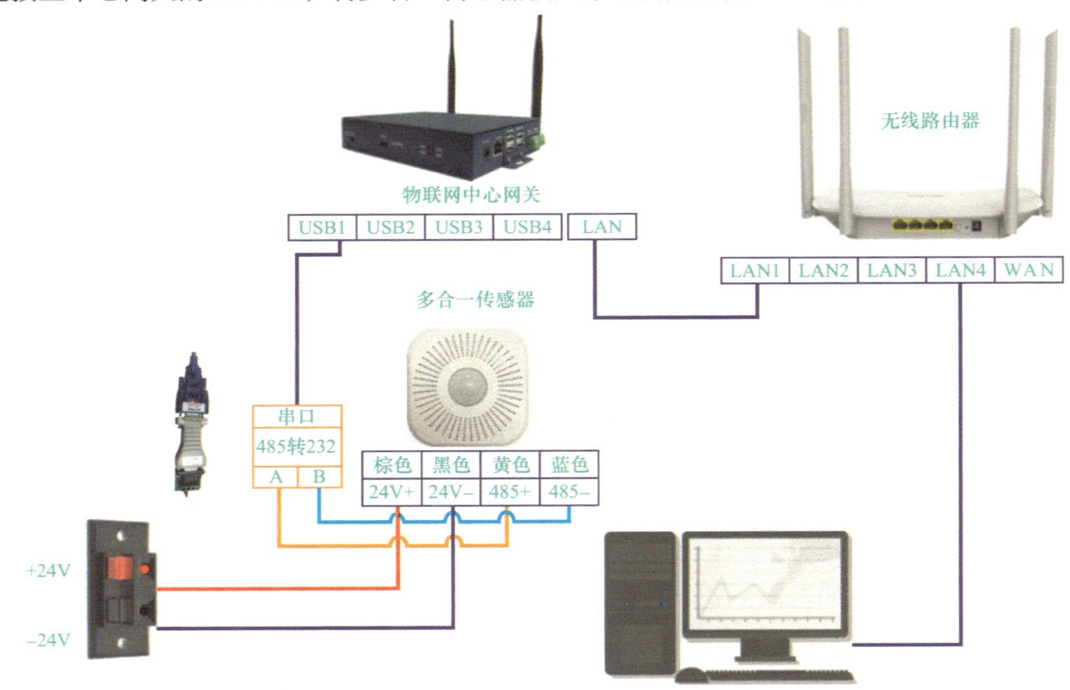

图11-13 将多合一传感器接入中心网关

（2）多合一传感器设备地址说明

多合一传感器的从机地址默认为03，如果需要修改地址，请查阅物联网全栈智能应用实训系统安装部署手册。

多合一传感器的各个传感设备，寄存器地址说明如下：

1）CO_2寄存器起始地址为0000，数据长度均为0001，功能码为03；

2）温度寄存器起始地址为0002，数据长度均为0001，功能码为03；

3）湿度寄存器起始地址为0003，数据长度均为0001，功能码为03；

4）人体红外寄存器起始地址为0004，数据长度均为0001，功能码为03；

5）PM2.5寄存器起始地址为0005，数据长度均为0001，功能码为03；

6）大气压寄存器起始地址为0006，数据长度均为0001，功能码为03。

在本任务中，没有使用多合一传感器中的空气质量传感器（寄存器起始地址为0001，数据长度为0001，功能码为03），请读者知悉。

（3）在中心网关上新增多合一连接器

要将多合一传感器连接至中心网关，需要在中心网关上新增多合一连接器，并在该连接器上添加上述6个传感器设备，配置好的多合一连接器上的传感设备情况如图11-14所示。

图11-14　多合一连接器上的传感设备情况

在本任务中，由于多合一传感器首先使用RS485 to RS232转换器将RS485接口的数据信号转换为RS232信号，然后通过RS232 to USB适配器将RS232信号转换为USB信号，接入中心网关的USB1口，因此，在中心网关上添加多合一连接器时，选择“串口设备”，设备接入方式选择“串口接入”，连接器设备类型选择“NLE MODBUS-RTU SERVER”，串口名称要选择识别出来的名称（多合一连接器接到中心网关的USB1后，在中心网关上会识别出/dev/ttySUSB1设备），新增多合一连接器的配置如图11-15所示。

多合一传感器可通过RS485（波特率：9600）与主机进行通信，采用Modbus协议上报传感器数据，从机地址可以通过工具进行配置。可采集光照、大气压、PM2.5、CO_2、TVOC、温度、湿度、人体红外数据。其中，CO_2传感器和TVOC传感器需初始化一段时间，在设备上电后，数值会保持在固定值400ppm和0ppd 15s左右，15s之后采集到的数值即为正常值；大气压强值为kPa单位扩大100倍后的值。所有传感器每3s更新一次数据，因此Modbus通信时间间隔设置在3s以上较为稳定。

图11-15　新增多合一连接器的配置

（4）给连接器添加传感器设备

多合一传感器首先使用RS485 to RS232转换器将RS485接口的数据信号转换为RS232信号，然后通过RS232 to USB适配器将RS232信号转换为USB信号，再连接到PC的USB口。此时PC会识别到USB连接后对应的COM口号。在工具包中找到“SensorConfigTool工具”，配置多合一传感器的从机地址，如图11-16所示。配置成功后，单击“Load Config”按钮进行读取。如果读取到刚才配置的从机地址，则说明配置好了从机地址。

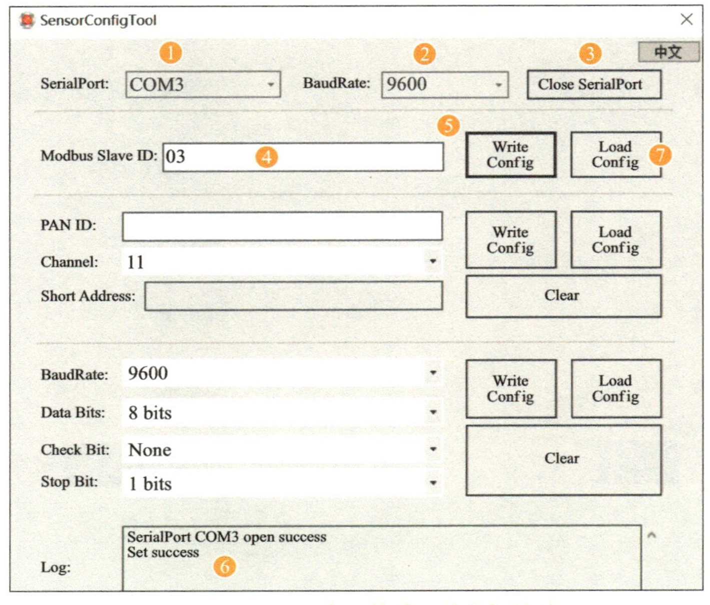

图11-16　配置合一传感器的从机地址

接下来，给多合一连接器添加传感器设备，配置的参数需要与设备设定的参数一致，多合一连接器的传感设备配置信息见表11-3。

表11-3　多合一连接器的传感设备配置信息

传感名称	标识名称	从机地址	功能号	起始地址	数据长度
二氧化碳	Co2	03	03	0000	0001
温度	Temperature_out	03	03	0002	0001
湿度	Humidity_out	03	03	0003	0001
人体红外	Body	03	03	0004	0001
PM25	PM25	03	03	0005	0001
大气压力	Pressure_out	03	03	0006	0001

在多合一连接器上添加传感器设备，各个设备的配置信息如图11-17～图11-19所示。

新增
* 传感名称　二氧化碳
* 标识名称　Co2
* 传感类型　modbus rtu 传感器
* 从机地址　03
* 功能号　03（保持寄存器）
* 起始地址　0000
* 数据长度　0001
采样公式　例如：R0/10
设备单位　例如：℃
确定　取消

新增
* 传感名称　温度
* 标识名称　Temperature_out
* 传感类型　modbus rtu 传感器
* 从机地址　03
* 功能号　03（保持寄存器）
* 起始地址　0002
* 数据长度　0001
采样公式　例如：R0/10
设备单位　例如：℃
确定　取消

图11-17　多合一连接器上的传感设备-1

新增

* 传感名称 湿度
* 标识名称 Humidity_out
* 传感类型 modbus rtu 传感器
* 从机地址 03
* 功能号 03（保持寄存器）
* 起始地址 0003
* 数据长度 0001
采样公式 例如：R0/10
设备单位 例如：℃
确定 取消

新增

* 传感名称 人体红外
* 标识名称 Body
* 传感类型 modbus rtu 传感器
* 从机地址 03
* 功能号 03（保持寄存器）
* 起始地址 0004
* 数据长度 0001
采样公式 例如：R0/10
设备单位 例如：℃
确定 取消

图11-18　多合一连接器上的传感设备-2

新增

* 传感名称 PM25
* 标识名称 PM25
* 传感类型 modbus rtu 传感器
* 从机地址 03
* 功能号 03（保持寄存器）
* 起始地址 0005
* 数据长度 0001
采样公式 例如：R0/10
设备单位 例如：℃
确定 取消

新增

* 传感名称 大气压力
* 标识名称 Pressure_out
* 传感类型 modbus rtu 传感器
* 从机地址 03
* 功能号 03（保持寄存器）
* 起始地址 0006
* 数据长度 0001
采样公式 例如：R0/10
设备单位 例如：℃
确定 取消

图11-19　多合一连接器上的传感设备-3

（5）在中心网关上监测多合一传感数据

打开中心网关的"数据监控"页，选择"多合一"，如图11-20所示，可以在多合一传感器上触摸（检测温湿度）、靠近、离开、捂住（检测人体红外）、哈气（检测PM2.5和CO_2）等，观察中心网关上监测到的各个传感设备的数据变化。

图11-20　在中心网关上监测多合一传感数据

至此，完成了将多合一传感器接入中心网关。

5. 接入UWB室内定位模块

"智慧工厂"App项目中的物品监测，使用到的设备是UWB高精度室内定位模块，由4个UWB节点、一个定位解算终端和一个UWB标签组成。

（1）设备连接说明

UWB高精度室内定位模块部分，设备连接需要一个UWB定位解算终端、4个UWB定位模块、一个物联网中心网关，请参考配套提供资源中的设备接线图将设备连接好。

（2）物品定位坐标解算过程说明

室内定位模块中的4个UWB节点设备均内置射频发射模块，每个UWB节点相当于一个基站，4个UWB节点组成ZigBee网络，其中UWB0节点通过RS485与中心网关连接，UWB0节点将测量得到的标量数据上传至中心网关，中心网关将标量数据发送给UWB定位解算终端，由UWB定位解算终端计算出UWB物品标签所在的坐标系位置，并将UWB物品标签坐标系位置返回至中心网关，最后在中心网关上实时展示UWB物品标签坐标系的遥测数据。室内定位模块的网络和数据流向说明如图11-21所示（该图仅用于说明数据流向，接线部分不做特殊说明，具体接线要参考配套资源中的接线图）。

4个UWB节点和一个UWB标签在定位坐标系上显示为对应的坐标点，以左下角的UWB节点0作为坐标系的（0，0）位置，逆时针方向布置另外3个UWB节点，如图11-22所示。

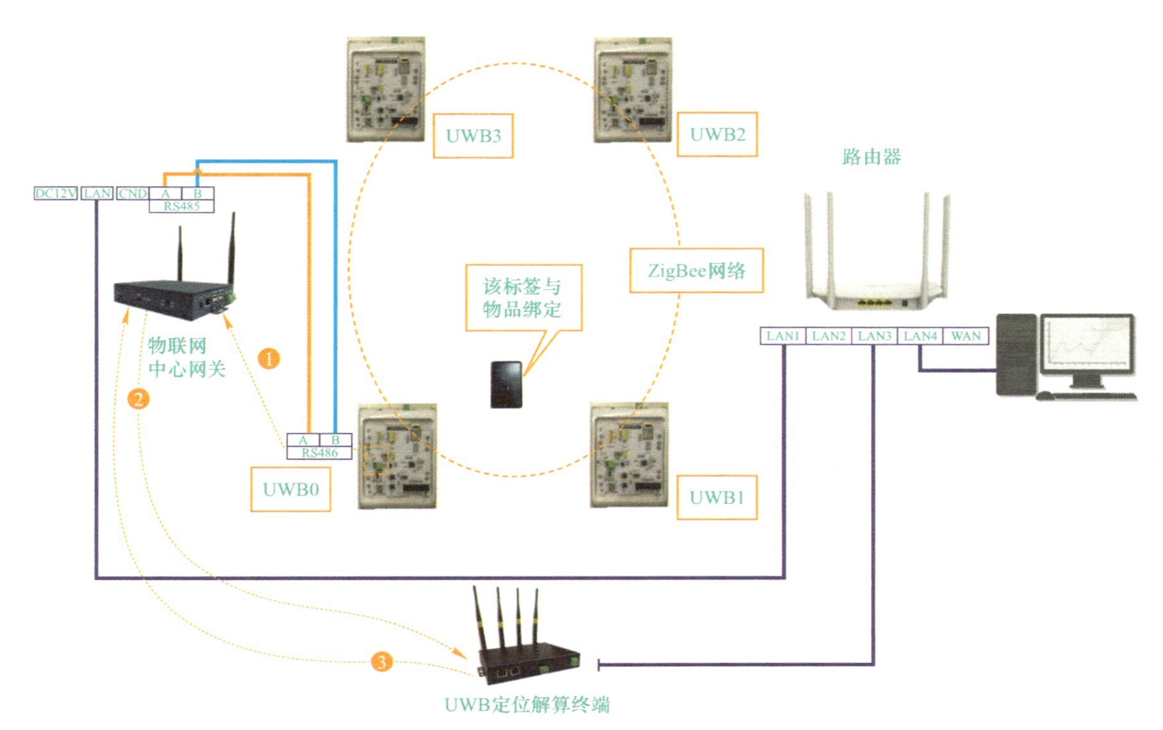

图11-21 室内定位模块的网络和数据流向说明

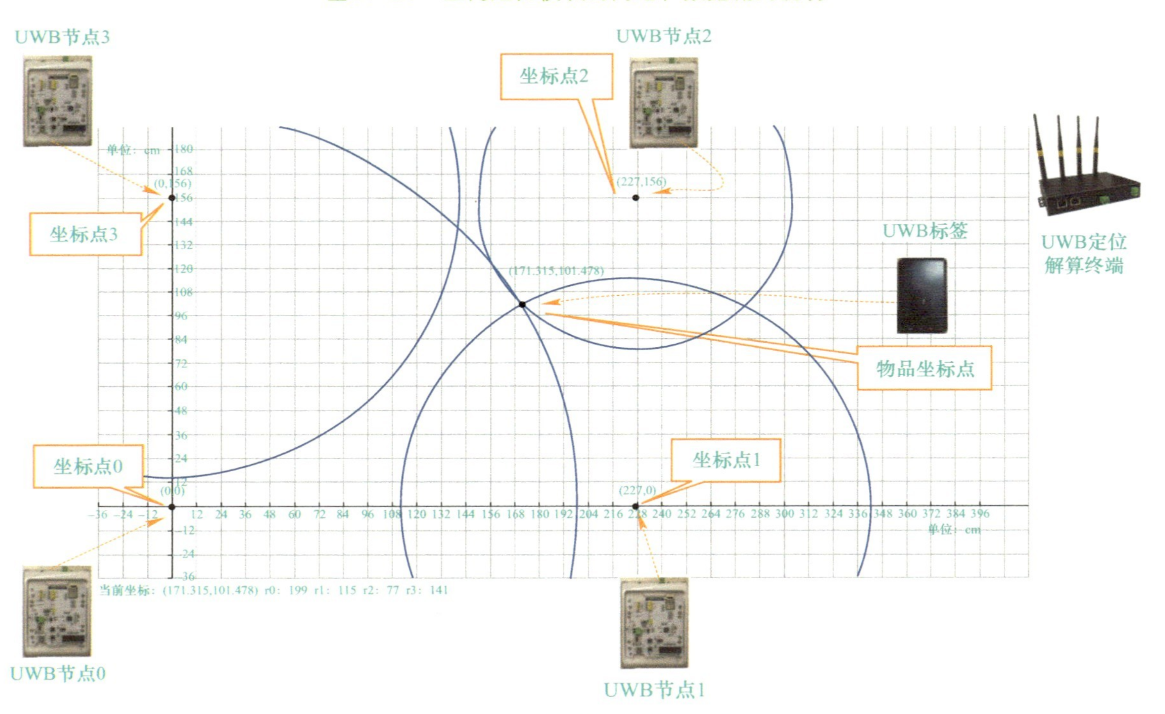

图11-22 UWB定位模块的坐标点

通过UWB基站和UWB标签间的时间飞行法测距，被监管物品和4个UWB节点间的标量（直线距离）分别是r0、r1、r2和r3，如图11-23所示。

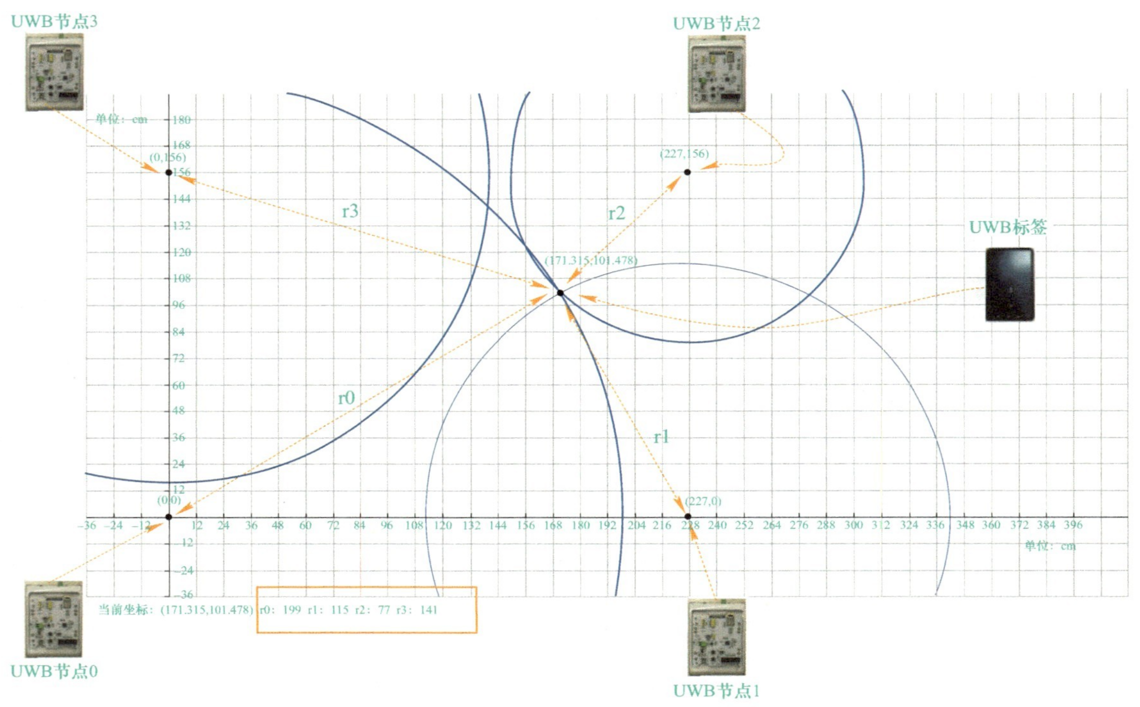

图11-23　被监管物品和4个UWB节点间的距离

这些标量值被传输到中心网关后，由中心网关传递给定位解算终端，经过定位运算，计算出被监管物品的坐标，*x*轴和*y*轴的坐标分别显示为bestx和besty，如图11-24所示。

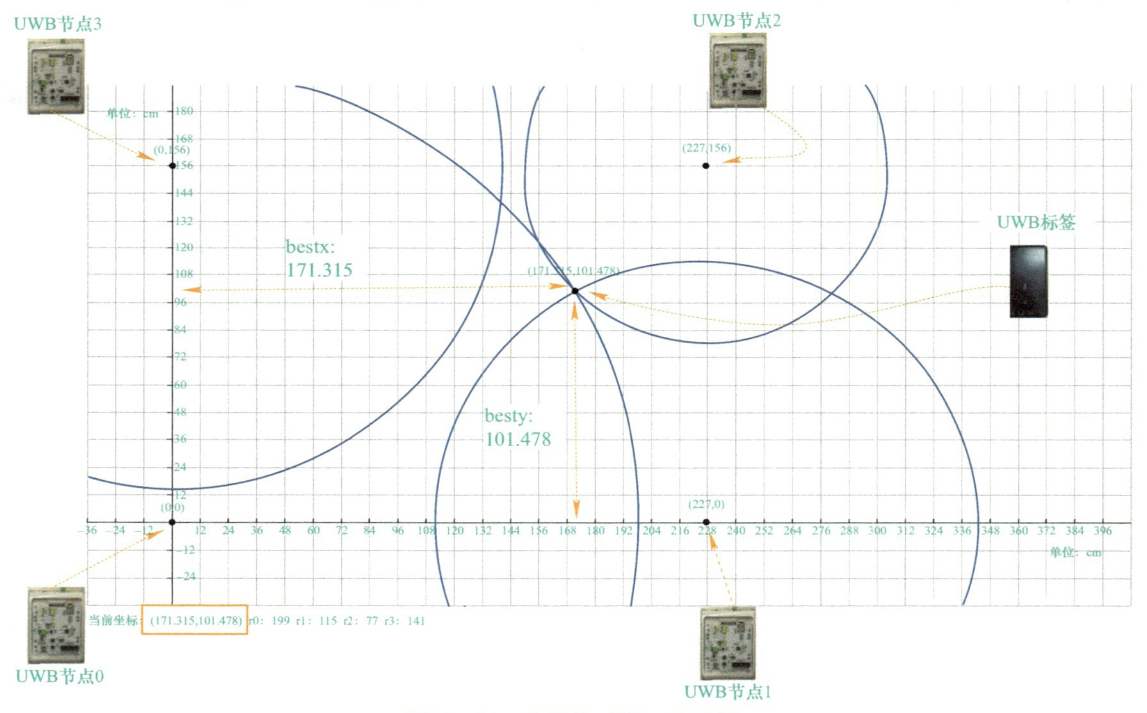

图11-24　物品的*x*轴和*y*轴坐标

经过上述分析，最后通过定位解算终端计算出来的与定位有关的数据有6个，分别是bestx、besty、r0、r1、r2和r3，这6个数据组成了物品的当前坐标数据，并组成了UWB定位设备的遥测数据，如图11-25所示。

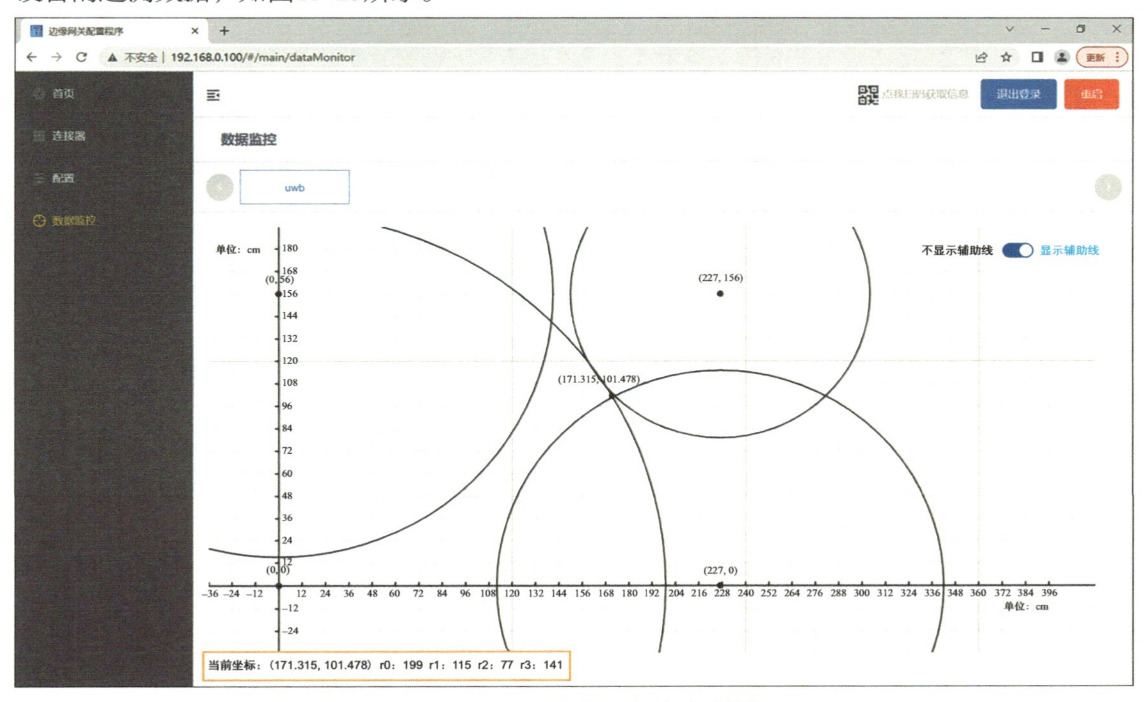

图11-25 UWB定位设备的遥测数据

这些遥测数据最后将由中心网关上报给ThingsBoard物联网云平台，ThingsBoard上的UWB遥测数据如图11-26所示。

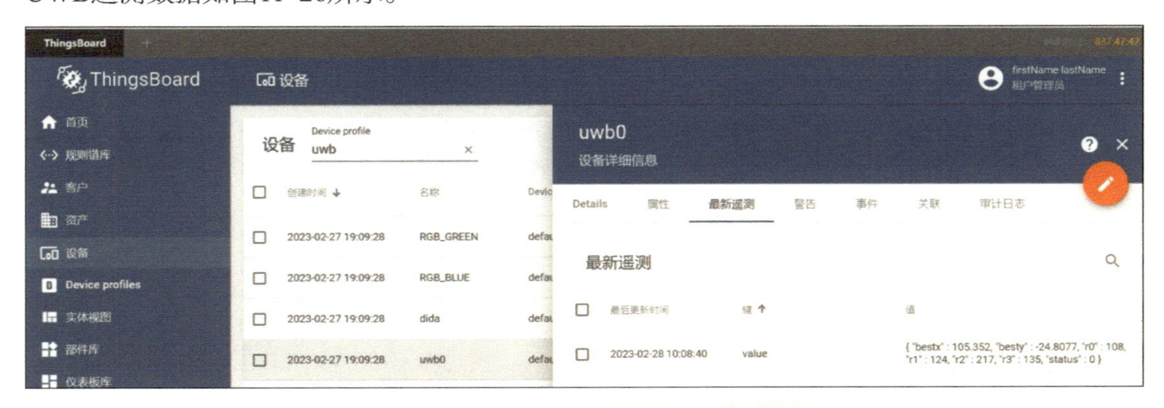

图11-26 ThingsBoard上的UWB遥测数据

有了4个UWB节点的坐标点，就可以划定物品的安全监控范围，如图11-27所示。将UWB标签绑定在被监管的物品上，通过UWB模块的定位运算，计算出被监管物品的坐标。如果物品的坐标显示在安全监控范围内，则认为物品是安全的；如果偏离安全范围，则可以按预设好的规则进行告警提示。

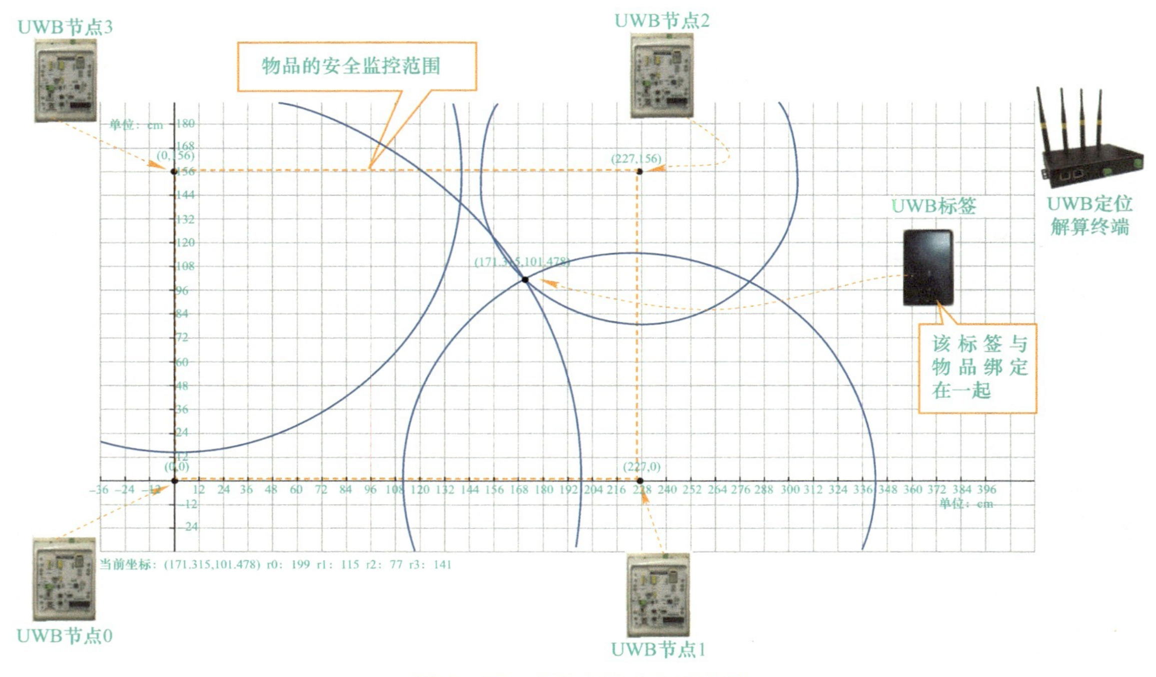

图11-27　物品的安全监控范围

（3）配置UWB定位解算终端设备地址

通过网线将UWB定位解算终端LAN口与PC连接，由于UWB定位解算终端的默认地址为192.168.14.200，因此，为了配置UWB定位解算终端，需要将PC的IP设置为与UWB定位解算终端为同一个网段的地址，比如设置为192.168.14.100 255.255.255.0。

在PC上打开浏览器，输入地址http://192.168.14.200，通过Web页面访问UWB定位解算终端设备，账号为root，密码为000997，如图11-28所示。

NLE - LuCI

不安全 | 192.168.14.200/cgi-bin/luci

NLE

需要授权

请输入用户名和密码。

用户名 root

密码 ••••••

登录　复位

Powered by NLE / Hi-Link_WiFi6

图11-28　登录UWB解算终端设备

进入网络配置界面，修改WAN口地址为规划好的192.168.0.201，操作过程如图11-29和图11-30所示。

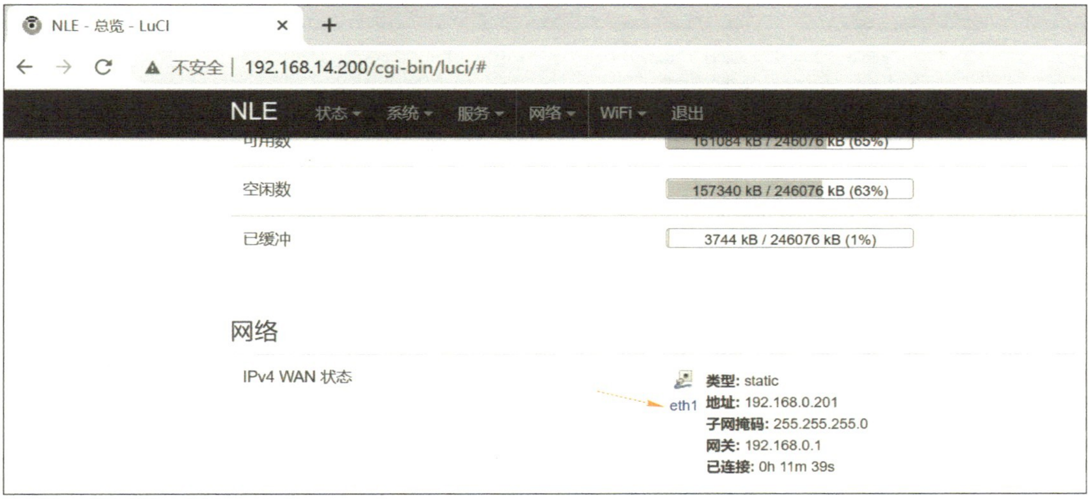

NLE - 总览 - LuCI

不安全 | 192.168.14.200/cgi-bin/luci/#

NLE 状态 系统 服务 网络 WiFi 退出

可用数 161084 kB / 246076 kB (65%)

空闲数 157340 kB / 246076 kB (63%)

已缓冲 3744 kB / 246076 kB (1%)

网络

IPv4 WAN 状态

eth1

类型: static

地址: 192.168.0.201

子网掩码: 255.255.255.0

网关: 192.168.0.1

已连接: 0h 11m 39s

图11-29 修改WAN口地址-1

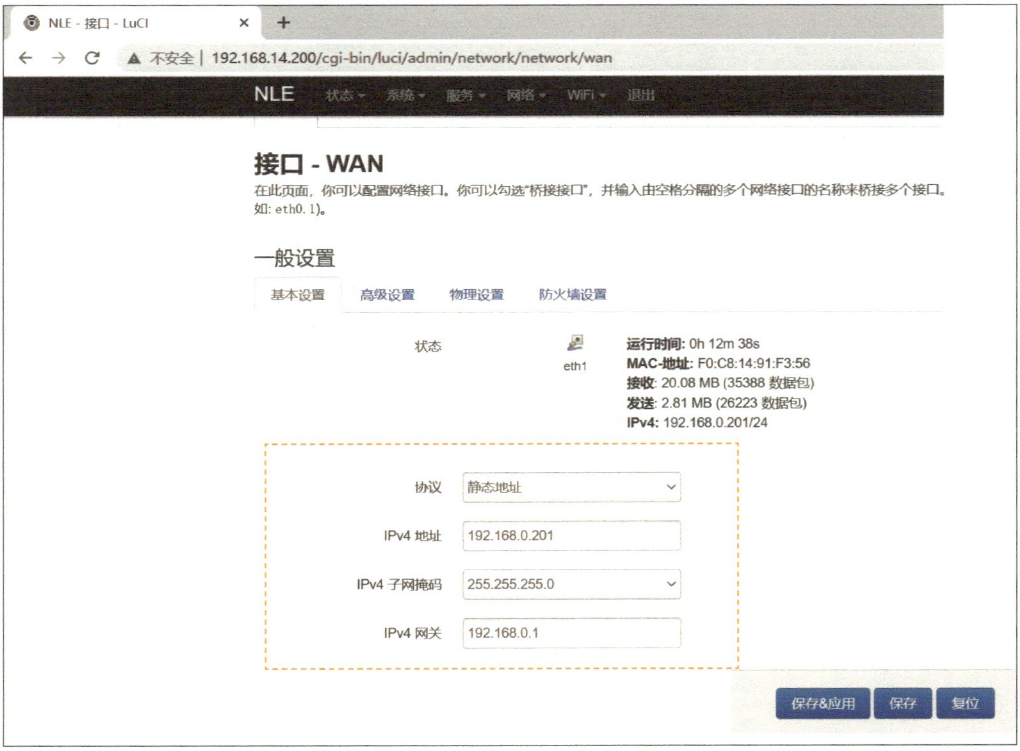

NLE - 接口 - LuCI

不安全 | 192.168.14.200/cgi-bin/luci/admin/network/network/wan

NLE 状态 系统 服务 网络 WiFi 退出

接口 - WAN

在此页面，你可以配置网络接口。你可以勾选"桥接接口"，并输入由空格分隔的多个网络接口的名称来桥接多个接口。如: eth0. 1)。

一般设置

基本设置 高级设置 物理设置 防火墙设置

状态 eth1

运行时间: 0h 12m 38s

MAC-地址: F0:C8:14:91:F3:56

接收: 20.08 MB (35388 数据包)

发送: 2.81 MB (26223 数据包)

IPv4: 192.168.0.201/24

协议 静态地址

IPv4 地址 192.168.0.201

IPv4 子网掩码 255.255.255.0

IPv4 网关 192.168.0.1

保存&应用 保存 复位

图11-30 修改WAN口地址-2

地址配置好之后，需要配置防火墙。填写共享名（随意），协议为TCP+UDP，外部端口为57500，内部IP选192.168.14.200，内部端口为57500，如图11-31所示。

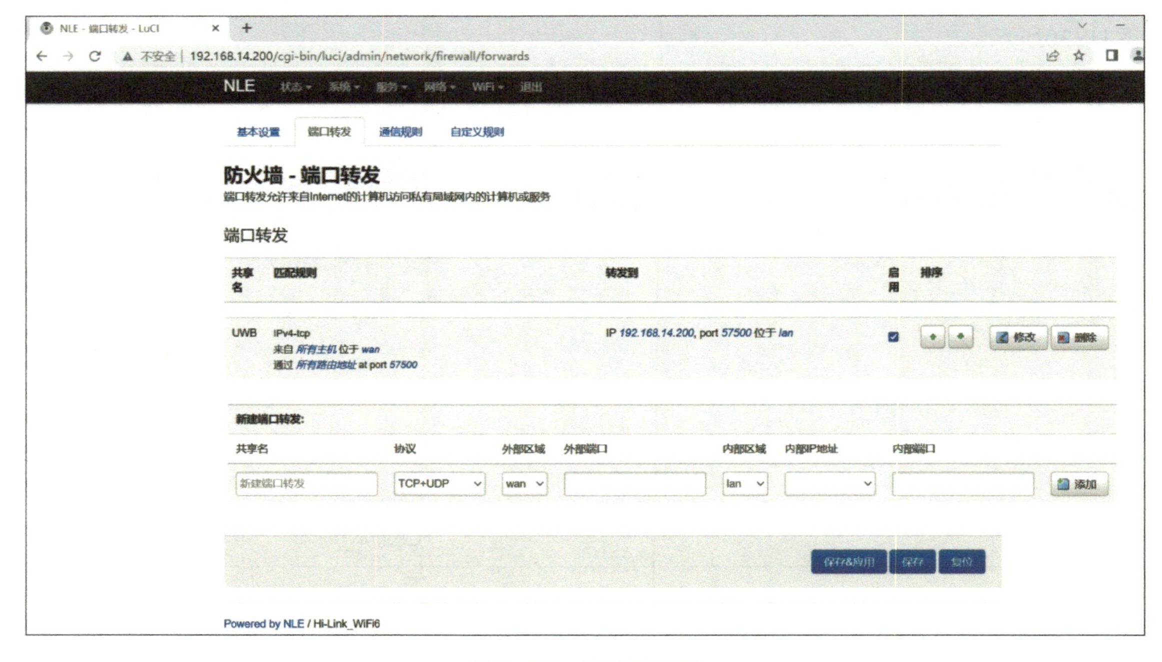

图11-31　配置防火墙

到此，就配置好了UWB解算终端地址和端口，当在中心网关上添加UWB设备对应的连接器时，需要用到这些数据。

（4）配置UWB节点间的ZigBee网络

每个UWB节点都是一个基站，在物联网全栈智能实训系统的资源中找到并打开UWB的设备配置工具UWBSetting.exe，分别将每一个UWB节点和UWB标签连接到PC，选择波特率115200，并打开串口，将UWB节点设备类型设置成“基站”，将UWB标签设置为“标签”，并按照规划好的ZigBee网络号配置4个UWB节点和一个UWB物品标签为同一个ZigBee网络。网络参数的说明如下：

1）设置PANID信道号 设备号（对应物品标签上的PANID和信道号）；

2）PANID：两字节，16位的十六进制，如0001；

3）信道号：一字节，8位的十六进制，如01；

4）设备号：两字节，16位的十六进制，如0001；

5）设置内容与标签一致，标签PANID和信道号已经设置成固定值，在设备的标签上可以查阅这些值。

4个UWB节点和UWB标签的PANID号、信道号要设置成同样的值，以便这些设备在同一个ZigBee网络中。4个UWB节点的设备类型为“基站”，UWB标签的设备类型为“标签”，基站的设备ID从0000开始，具体配置信息见表11-4。

表11-4　多合一连接器的传感设备配置信息

传感名称	PANID	信道号	设备ID	需设置的设备类型	波特率
UWB0	需设置为同一个PANID	需设置为同一个信道	0000	基站	115200
UWB1			0001	基站	
UWB2			0002	基站	
UWB3			0003	基站	
UWB标签			无	标签	——

其中一个基站的配置如图11-32所示。

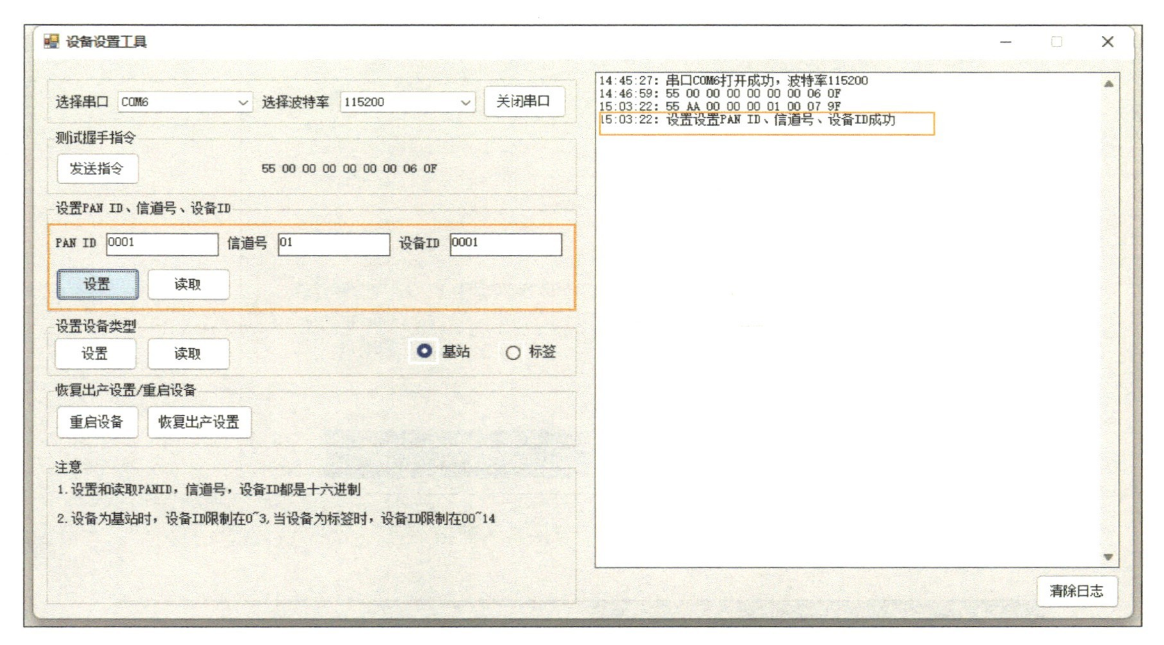

图11-32　其中一个基站的配置

要注意的是，UWB标签长时间不用会进入休眠模式，需重启设备或者摇晃设备唤醒。

（5）添加UWB连接器及UWB设备

在中心网关上建立“uwb”连接器，连接器设备类型选择“NLE SERIAL-BUS NL-UWB”，设备接入方式选择“串口接入”，宽度为左右两个UWB定位节点之间的距离，高度为上下两个UWB定位节点之间的距离，ip为UWB定位解算终端的IP地址，port为57500，串口名称按识别出来的名称进行选择，如图11-33所示。

添加好“uwb”连接器后，接着在该连接器上添加传感设备“uwb0”，配置信息如图11-34所示。

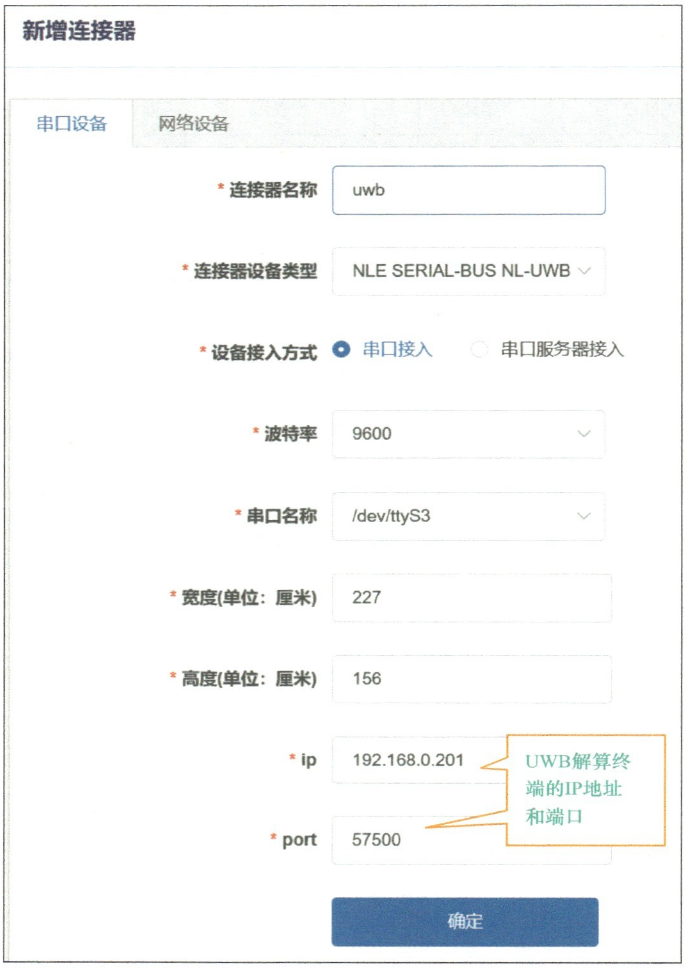

新增连接器
串口设备
网络设备
* 连接器名称
uwb
* 连接器设备类型
NLE SERIAL-BUS NL-UWB
* 设备接入方式
串口接入
串口服务器接入
* 波特率
9600
* 串口名称
/dev/ttyS3
* 宽度(单位：厘米)
227
* 高度(单位：厘米)
156
* ip
192.168.0.201
* port
57500
UWB解算终端的IP地址和端口
确定

图11–33 “uwb”连接器的配置信息

连接器
多合一
iot1
uwb
Ruler engine
配置
新增UWB
新增
* 传感名称
uwb
* 标识名称
Uwb0
* 传感类型
UWB设备
确定
取消

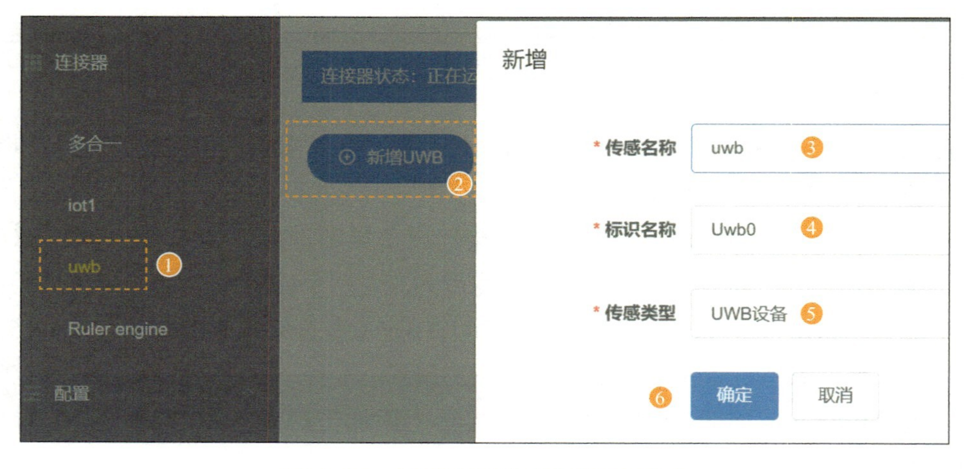

图11–34 新增UWB传感器的配置信息

（6）在中心网关上监测UWB数据

配置完成后，在中心网关的数据监控界面监测UWB的数据。移动UWB物品标签，分别测试正常范围、x轴超出安全范围、y轴超出安全范围时坐标数据的展示情况，如图11-35～图11-37所示。

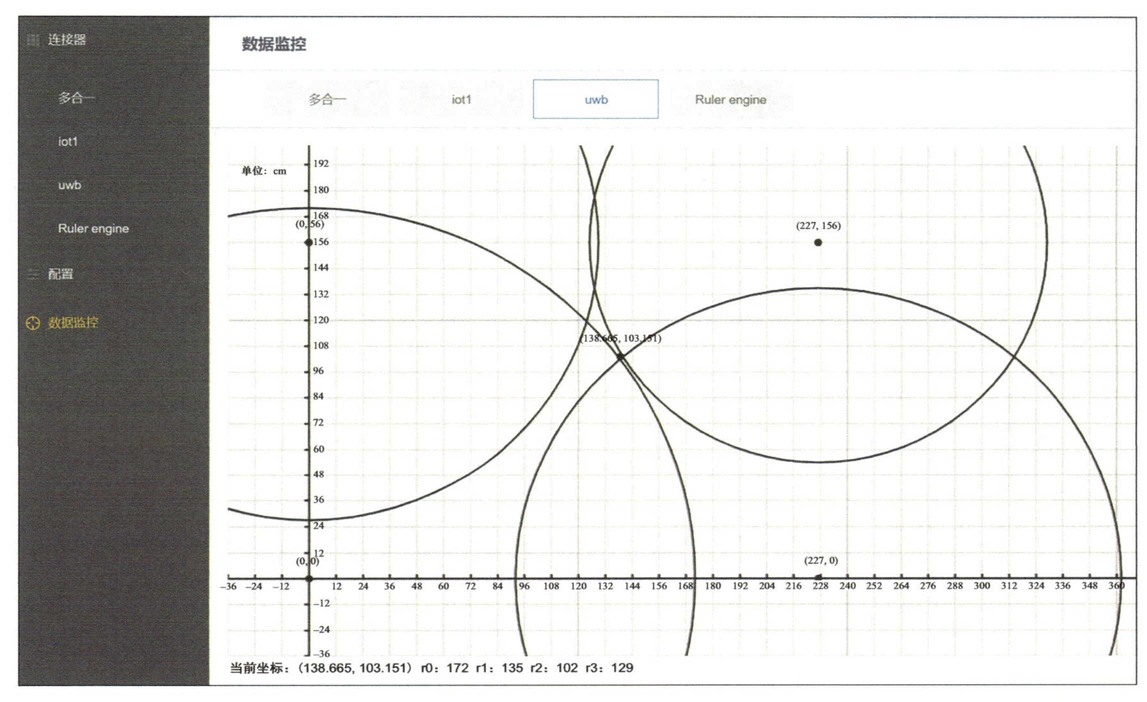

图11-35　正常范围时的坐标

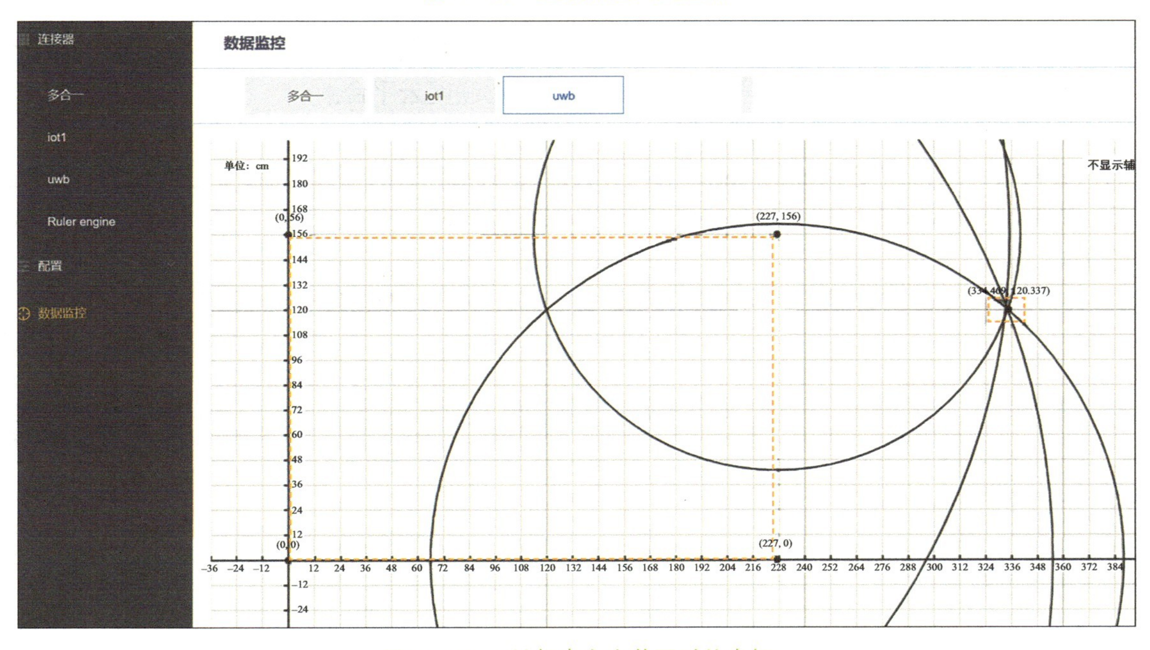

图11-36　x轴超出安全范围时的坐标

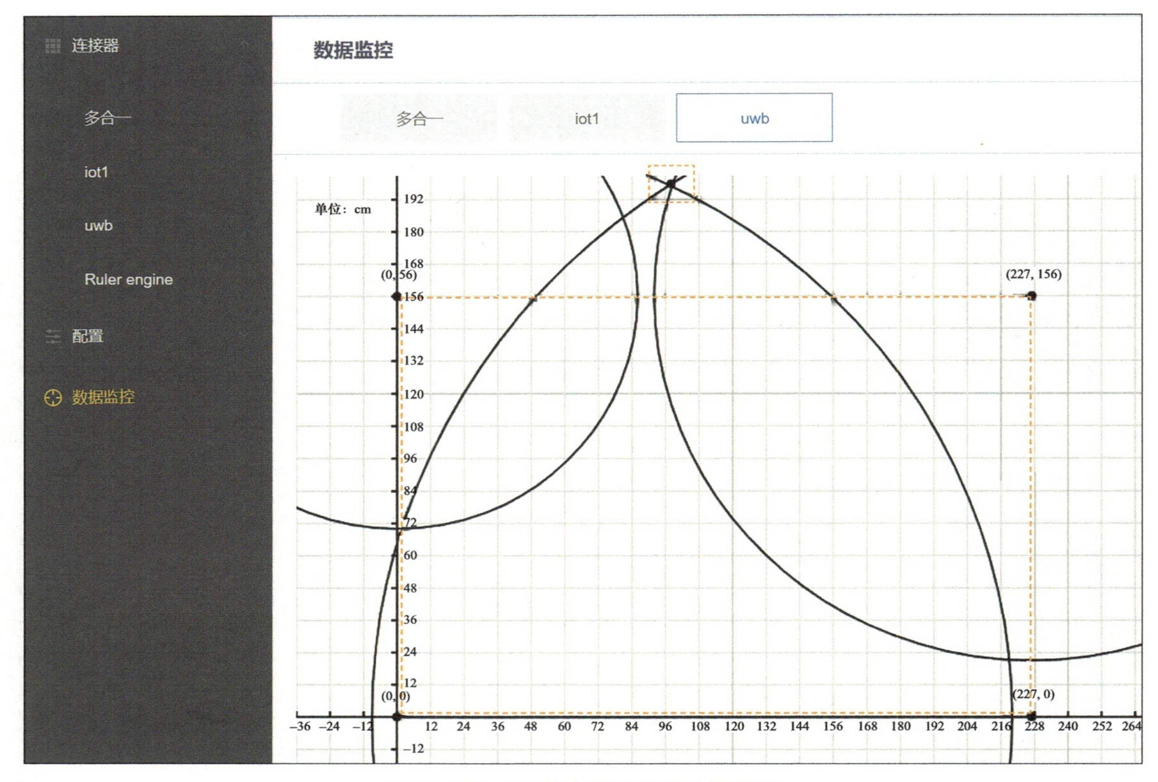

图11-37　*y*轴超出安全范围时的坐标

至此，就完成了将UWB设备接入中心网关。

6. 对接中心网关与ThingsBoard

经过上述配置，已经将“智慧工厂”App项目需要的设备都接入了中心网关，接下来就可以配置中心网关，将这些数据上报到ThingsBoard物联网云平台。

（1）在ThingsBoard上添加网关设备

要对接中心网关与ThingsBoard，需要在ThingsBoard上有一个对应着中心网关的映射设备。在ThingsBoard上添加新设备，并将其设置为“网关”，操作过程如图11-38～图11-40所示。

打开创建好的“智慧工厂网关”设备，复制访问令牌，如图11-41所示。

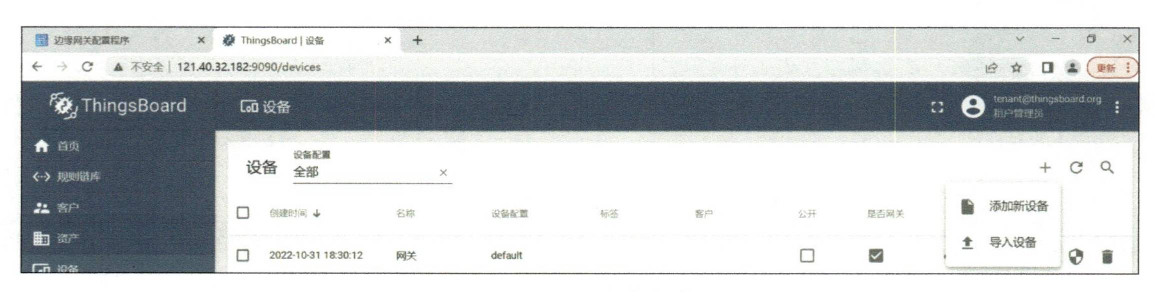

图11-38　添加新设备

图11–39 添加“智慧工厂网关”设备

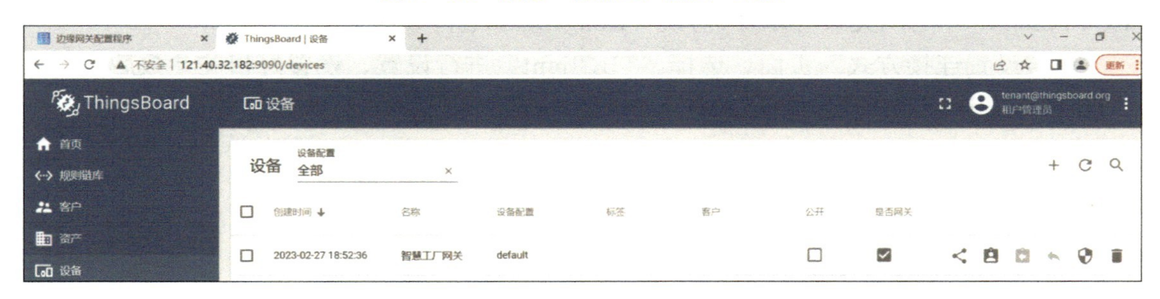

图11–40 添加好的“智慧工厂网关”设备

图11–41 复制访问令牌

（2）在中心网关上配置连接到ThingsBoard的方式

ThingsBoard可以通过Gateways将不同协议的数据转换成MQTT协议的数据上报到ThingsBoard中，因此，此时的物联网中心网关就是Gateways，如图11-42所示。

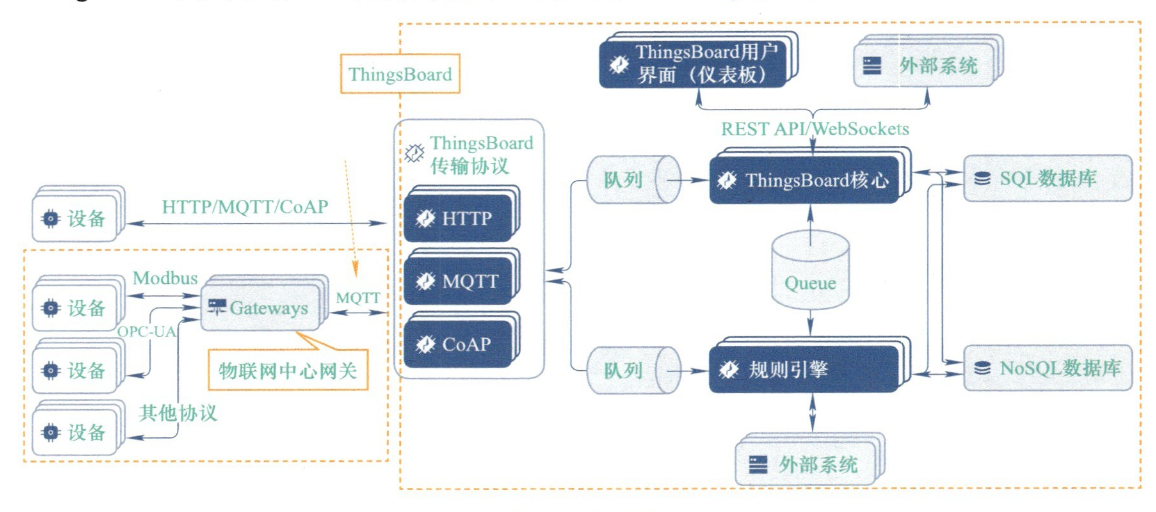

图11-42　设备数据通过网关接入ThingsBoard

物联网中心网关与ThingsBoard间的关系,就是MQTT客户端与MQTT服务端的关系。打开中心网关，设置连接方式，将ThingsBoard作为MQTTServer，将中心网关作为MQTTClient，中心网关采用MQTT协议与ThingsBoard进行数据交互。

在“设置连接方式”页面，选择“TBClient”进行设置，设置好相关参数后，启动“TBClient”连接器，操作过程如图11-43～图11-45所示。

图11-43　设置“TBClient”连接方式

图11-44　TBClient的配置信息

图11-45　启动连接器

（3）在ThingsBoard上查看由中心网关上报的数据

回到ThingsBoard，在设备界面上，由中心网关上报的设备信息会覆盖任务3中创建的设备，并保留原有设备的关联关系。在这里，也可以手工删除任务3中创建的设备，由中心网关自动上报并创建对应的设备，但是，此时设备的关联关系不会自动创建，因此，如果删除了任务3中的设备，就算中心网关上报并创建了设备，也需要自行手动添加设备的关联关系，请读者知悉。

在ThingsBoard上查看中心网关上报的传感器设备信息，以查看Co2的值为例，如图11-46所示。

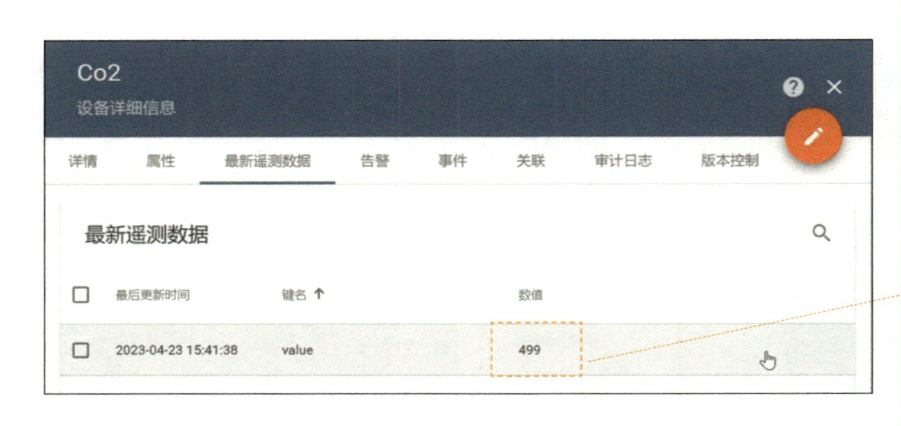

图11-46　ThingsBoard上的传感器设备信息

至此，就可以在ThingsBoard上选择每一项设备，查看该设备的最新遥测数据，中心网关每隔3s上报一次遥测数据，当上报的数据符合任务9的规则链设定要求时，控制设备的请求将由ThingsBoard的规则链下发给中心网关，再由中心网关下发到真实设备上，这一步请自行验证。

7. 对接真实设备进行验证

接下来就可以使用模拟器运行“智慧工厂”App，依据预设的规则验证设备的自动控制，可以按以下步骤进行测试。

第一步，让多合一传感器的温度上升超过30℃，当温度传感器采集到的温度数据>30℃时，观察风扇是否转动；

第二步，想办法让温度数据<26℃,观察绿灯亮；

第三步，当温度≥26℃且温度数据≤30℃时，观察黄灯亮；

第四步，在App上选择撤防状态，人体红外传感器监测到有人时，观察LED灯亮；人离开时，观察LED灯灭；

第五步，在App上选择布防状态，人体红外传感器监测到有人时，观察红灯亮，表示有人入侵并进行告警；

第六步，当PM25的值≥75RM时，观察红灯亮，表示告警状态；

第七步，当CO_2的值≥2000ppm时，观察红灯亮，表示告警状态；

第八步，当湿度的值≥80%rh时，观察红灯亮，表示告警状态；

第九步，当UWB物品标签在安全范围时，观察ThingsBoard上的数据及App上的物品移动，观察黄灯灭，如图11-47所示；

第十步，当UWB物品标签移出指定安全范围时，观察ThingsBoard上的数据及App上的物品移动，观察黄灯亮，表示告警状态，如图11-48所示。

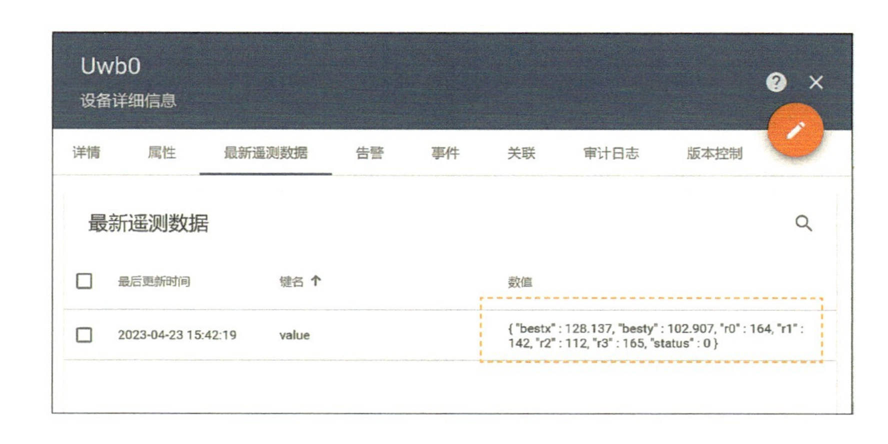

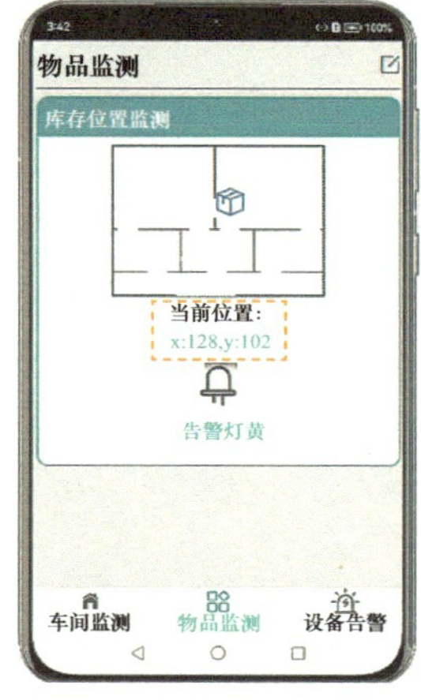

图11-47　UWB物品标签在安全范围时的数据显示

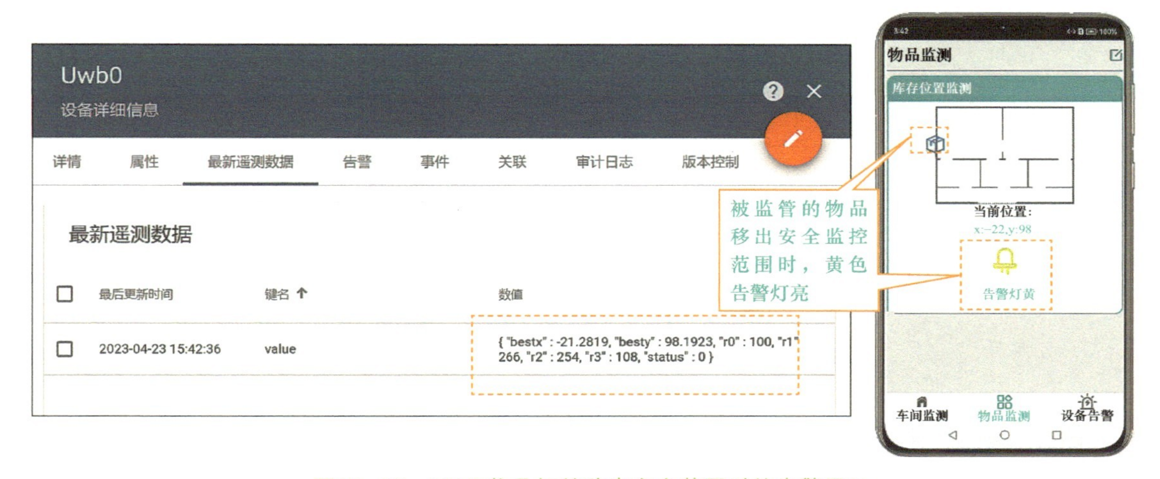

图11-48　UWB物品标签移出安全范围时的告警显示

任务小结

本任务将“智慧工厂”App项目中涉及的设备接入了中心网关，再配置中心网关成为ThingsBoard的一个MQTT的客户端，由中心网关将数据上报到ThingsBoard。当智慧工厂中被监测的各项传感数据达到预订阈值时，在ThingsBoard中设置好的规则链将RPC指令下发给中心网关，再由中心网关将指令下发给对应的执行器设备，进行了设备的自动控制。

由于在开发“智慧工厂”App时，已经设计成了App从ThingsBoard中获取数据，在ThingsBoard中接入了真实设备后，传感器和执行器的真实遥测数据就会被App获取到，因此，只要对接好中心网关和ThingsBoard，自然就自动对接好了App与真实设备，从而完成“智慧工厂”App与真实设备的对接。

参 考 文 献

[1] 张诏添，李凯杰．HarmonyOS App开发从0到1[M]．北京：清华大学出版社，2022.

[2] 泽华．物联网与云平台[M]．北京：中国人民大学出版社，2021.

[3] 付强．物联网系统开发：从0到1构建IoT平台[M]．北京：机械工业出版社，2020.

[4] 杨保华，戴王剑，曹亚仑．Docker技术入门与实战[M]．3版．北京：机械工业出版社，2018.